KB269797

예술을 꿀꺽 삼킨 과학

예술을 꿀꺽 삼킨 과학

김문제 · 송선경 지음

과학과 예술의 융합을 강조하는 STEAM 교육의 필독서!

살림Friends

예술과 과학은 창조의 자녀

 '예술과 과학', 언뜻 생각하면 달라도 너무 다릅니다. 어쩜 이리도 반대되는 개념을 책 한 권으로 묶었을까 궁금해하는 분들도 있을 겁니다. 예술은 미적 작품을 만드는 인간의 창조 활동으로 현실 세계와는 동떨어진 상상의 세계를 다루는 것처럼 느껴지기도 합니다. 이에 반해 과학은 사실을 통해 보편적 진리나 법칙을 발견하기 위한 체계적이고 검증 가능한 지식을 말합니다. 영어로 과학, '사이언스(science)'는 '알다'라는 뜻의 라틴어 'scire'에서 유래한 말로 지식의 전반을 의미합니다.

 사전적 의미만 비교한다면 예술과 과학은 달라도 참 많이 달라 보이지만 이들은 모두 '테크네'라는 같은 고대 그리스어에서 나왔습니다. 예술은 고대 그리

스어인 테크네에서 출발해 라틴어 아르스(ars)로 번역되었고 이것이 오늘날의 아트가 되었습니다. 또 우리가 흔히 기술이라고 알고 있는 테크닉(technique)이나 테크놀로지(technology)도 또한 테크네에서 나온 말로 일부 과학까지 포괄하는 개념입니다.

이렇듯 예술과 과학은 '기술'이라는 공통분모에서 출발했음을 알 수 있습니다. 다만 어떤 물건을 제작하는 숙련된 기술을 뜻하는 '테크네'는 미적 기술인 예술과 과학적 기술로 구분되는 것입니다.

기술이라는 공통의 분모를 가지고 출발한 예술과 과학은 인류 역사를 통해 서로 영향을 주고받으며 발전해 왔습니다. 예술과 과학은 서로 반대되는 개념으로 여겨지기도 했지만 르네상스를 거치면서 이 두 가지 활동이 동일한 차원으로 인식되었습니다.

예술과 과학의 공통점은 이 두 가지 모두 '창조의 자녀'라는 것입니다. 인간이 가진 창조력은 역사적으로 예술과 과학이라는 이름으로 찬란한 꽃을 피웠습니다. 예술은 과학적 성과를 바탕으로 다양한 열매와 꽃을 피웠으며 과학은 예술가들의 상상력과 미적 창조의 원리를 바탕으로 혁신을 이뤄 왔습니다.

이 책에서 여러분은 앞으로 창조의 두 자녀인 예술과 과학이 인류 역사의 흐름에 따라 어떻게 만났으며, 또 서로 어떤 영향을 주고받았는지를 살펴보게 될 것입니다.

순수 미술과 건축, 패션에서 디지털 시대의 과학적 발명품까지 예술과 과학의 만남을 통해 지금까지는 경험하지도 생각해 보지도 못했던 미래의 모습도 만나게 될 것입니다.

우리는 예술 작품인지 과학 작품인지 구분이 되지 않는 많은 것들을 만나게 될 것입니다. 더 이상 어떤 창작품이 예술적인 것인지 혹은 과학적인 것인지 구분하는 일 자체가 그리 중요하지 않은 때가 온 것입니다. 우리 모두는 원하든 원하지 않든 예술과 과학이 결합된 새로운 창작품의 관람자 혹은 창조자의 역할을 하게 될 것입니다.

어쩌면 미래에는 예술가와 과학자를 통합해 '꿈꾸는 자'라고 부르게 될지도 모릅니다. 예술과 과학 모두 인간의 상상력에서 출발해

인간이 꿈꿔 왔던 많은 것들을 가능하게 하기 때문입니다. 인간 내면에는 새로운 것을 창조하고자 하는 욕망이 있습니다. 이 책을 읽는 동안 여러분 모두 상상의 나래를 활짝 펴고 밝은 미래의 창조자가 되시기를 바랍니다.

김은제, 송선경

미술과 과학, 경계를 허물다

part01

건축, 과학으로 예술을 꽃피우다

part02

part03

패션, 최첨단 과학으로 완성되다

21세기 창의 인재를 위한 예술과 테크놀로지 학과

부록

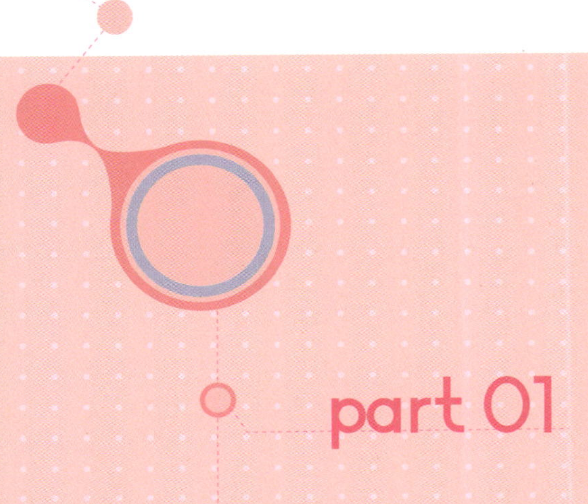

part 01

미술과 과학, 경계를 허물다

1 기술은 미술의 동지인가, 적인가

최초의 화가, 최초의 갤러리

인류는 문자를 사용하기 훨씬 전부터 그림으로 자신의 생각을 표현했습니다. 현존하는 인류 최초의 그림은 세계 유산 목록에 등록돼 있는 스페인의 알타미라(altamira) 동굴 벽화로 추정됩니다. 후기 구석기 시대 것으로 알려진 이 벽화를 통해 당시 사람들의 예술 활동뿐만 아니라 수렵 방법, 신앙 등을 알 수 있습니다.

그런데 얼마 전 이보다 훨씬 이전부터 인류가 물감을 만들어 그림을 그렸음을 보여 주는 증거가 발견됐습니다. 미국 과학 전문지 「사이언스」에 따르면 남아프리카공화국의 블롬보스(Blombos) 동굴에서 가장 오래된 물감과 이를 만드는 데 사용된 도구들이 발견됐다고 합니다. 남아프리카공화국의 비트바테르스란트 대학 연구팀이 고대 물감과 그릇 및 주걱 등을 발견했는데, 이를 통해 고대 인류가 물감을 만들어 사용했다는 사실을 알게 되었습니다. 물감 통으로 사용한 것으로 보이는 전복 껍데기 안에는 오커*, 뼈, 숯 등의 안료 물질이 남아 있었습니다. 주변에서 함께 발견된 뼈는 물감을 덜어 쓰던 주걱으로 보입니다. 세상에서 가장 오래된 물감 통인 이 두 개의 전복 껍데기는 여러 가지 산화물을 섞어 물감을 만들어 쓸 만큼 당시의 화학 지식이 발달했음을 보여 줍니다.

오커*
ocher
산화철 가루로 점토에 섞어 거무스름한 안료를 만든다.

흥미롭게도 고대 미지의 예술가들은 전복 껍데기에 황토와 숯을 잘게 부수어 가루로 만든 다음 물개 뼈나 늑대 뼈를 가열해 얻은 골수 기름을 섞어 물감을 만들었습니다. 또 물이나 소변을 넣어 안료가 잘 섞이게 했을 것이라 추정합니다. 이는 물감을 우연히 만든 것이 아니라 여러 가지 재료를 써서 매우 계획적으로 만들어 사용했다는 뜻입니다. 아쉽게도 남아프리카의 동굴 벽 표면이 벽화를 오래 보존하기에는 좋지 않은 환경이었기 때문에 그림은 남아 있지 않습니다. 그들이 물감을 어디에 어떻게 사용했는지 정확히 알 수는 없지만, 벽화를 그리는 것 외에도 몸에 색칠을 하거나 가죽 또는 다른 물

전복 껍데기로 만든 고대 물감 도구.
ⓒ Science/ AAAS.

건에 그림을 그리는 예술 활동을 했을 것으로 보입니다.

우리는 고대 예술가들이 동굴 벽면에 어떤 작품을 남겼는지 알 수 없습니다. 다만 오늘날까지 고대 예술가들의 그림이 소장돼 있는 세계에서 가장 오래된 갤러리, 즉 동굴 벽화를 보고 추측할 뿐입니다.

원시 예술가들의 벽화를 감상하고 싶다면 1994년 발견된 프랑스 쇼베 동굴을 추천합니다. 약 3만 2,000년 전에 그려진 것으로 알려진 이 동굴 벽화에는 유럽 들소, 산양, 사슴, 코뿔소 등 무려 12가지 동물이 매우 사실적으로 표현돼 있습니다. 독특하게도 이곳에는 매머드, 동굴사자, 동굴곰, 하이에나, 표범, 올빼미 등 과거에 다른 어느 벽화에서도 발견되지 않은 동물들이 생생히 그려져 있습니다. 또한 검은색, 붉은색, 황토색 물감으로 남긴 손바닥 자국이나 발자국, 상징적인 기호 등도 많습니다.

이렇듯 인류는 주변 환경과 생활 모습뿐만 아니라 생각이나 아이디어를 자신들이 거주하던 동굴 벽에 그림으로 표현했습니다. 그들은 황토, 숯, 적철석 등의 천연염료를 가지고 채색했습니다. 그중 높이가 4미터에 이르는 거대한 그림도 있는데, 대상을 매우

동물들의 모습이 살아 움직이듯 생생하게 묘사된 동굴 벽화.

사실적으로 묘사한 예술가들의 능력이 놀랍습니다. 이들은 새끼를 밴 동물의 모습이나 짐승의 연령을 표현했을 뿐 아니라 동물의 털로 계절을 구분할 수 있을 만큼 자세하고 정확히 묘사했습니다. 이렇게 뛰어난 실력을 갖춘 이들 덕분에 벽화의 동물들은 살아 있는 것처럼 역동적으로 보입니다. 이들은 동굴 벽의 굴곡에 맞춰 동물의 움직임을 3차원적인 명암법으로 표현했으며 원근법도 시도했습니다.

미술이 점진적으로 발전해 왔다는 믿음이 잘못된 것은 아닌지, 이 벽화의 연도 측정이 잘못된 것은 아닌지 생각하게 할 만큼 쇼베 동굴 벽화에 표현된 현대적인 회화 기법은 놀랍습니다. 한 가지 분명한 점은 어두운 동굴 벽면에 솜씨를 발휘하고 사라진 그들이 우리가 생각하는 것보다 훨씬 높은 수준으로 미술과 과학을 이해한 탁월한 예술가들이라는 사실입니다.

황토, 숯, 달걀, 벌꿀의 공통점은?

화가들이 자유자재로 사물을 그리거나 묘사하려면 물감의 재료가 매우 중요합니다. 그림을 그리기 시작한 초기에는 주변에서 쉽게 구할 수 있는 숯이나 황토, 적토 등 천연염료를 사용해 주로 검은색, 붉은색, 노란색, 흰색 등의 색을 냈지만 점차 더 많은 종류의 재료로 다양한 색감을 표현하게 되었습니다.

물감의 기본 재료는 안료와 용매제*인데, 오래전에는 달걀 노른자를 이용해 물감이 표면에 잘 붙고 쉽게 굳게 했습니다. 초기의 물감은 황토, 적철석, 망간 산화물, 숯 등의 천연 재료였으며 점차 기본 안료와 용매제가 다양해졌습니다. 이렇게 발전된 물감이 지금 우리가 사용하는 수성 그림물감의 시초입니다.

이집트의 덴데라(Dendera) 신전 벽화는 아름답고 화려한 색채로 유명합니다. 나일 강 유역에 자리한 이집트 도시 덴데라에는 여신 하토르를 숭배하던 신전이 남아 있습니다. 2,000년이나 지난

용매제 *
어떤 액체를 물질에 녹여서 용액을 만들 때 그 액체를 가리킨다.

아름답고 화려한 색채를 자랑하는 이집트의 덴데라 신전 벽화.

지금까지도 덴데라 신전의 기둥과 천장에 채색된 벽화는 생생히 보존돼 있습니다. 아직까지 벽화의 색이 바래지 않은 것은 각각의 색을 고무진과 섞어 칠했기 때문이라고 추측하는데, 여러 가지 색을 섞어 칠하지 않고 따로따로 한 가지씩 색을 칠한 것 같습니다. 이처럼 같은 물감을 사용해도 어떻게 칠을 하느냐에 따라 색의 표현이나 보존성이 뚜렷이 달라진다는 사실을 알 수 있습니다.

중세에는 석회를 바른 벽에 직접 물로 희석한 안료를 바르고 벽이 건조되는 과정의 화학 반응을 이용한 프레스코 기법이 많이 사용됐습니다. 이후 달걀이나 벌꿀, 무화과나무 수액 등을 용매제로 사용해서 안료와 혼합해 만든 물감인 템페라(tempera)가 나왔습니다. 라틴어로 '혼합하다'라는 뜻의 템페라는 안료와 용매의 혼합을 뜻하는데, 안료를 녹이는 용매제로는 주로 달걀이 사용됐습니다. 템페라는 색채의 아름다움이 뛰어나 초기 르네상스의 이탈리아 화가들에게 크게 환영받았습니다. 화가들은 달걀 노른자에 찬물을 넣은 다음 벌꿀이나 수액을 섞어 사용하거나, 안료를 물에 녹여 두었다가 여기에 용매제를 섞어 사용하기도 했습니다. 또 투명한 느낌을 내고 싶을 때는 달걀 흰자를 조금 더 넣었습니다.

지금까지 살펴본 기법 가운데 생석회를 바르고 그것이 채 마르기 전에 그림을 그리는 프레스코나 색의 원료에 달걀 노른자나 흰자를 섞어 쓰는 템페라는 수성 물감의 범주에 들어갑니다. 동양화는 물론 고대의 벽화, 이집트 미라의 관이나 파피루스에 그려진 그림, 이탈리아 분묘 벽화 등 중세의 유명한 성화도 대부분 수채화입니다. 15세기경 네덜란드의 화가 얀 반 에이크(Jan van Eyck, 1395년경~1441년)가 유성 물감을 개발하기 전까지 거의 모든 그림에 수성 물감이 사용됐습니다.

화가들은 예부터 자신의 상상력을 자유롭게 표현하기 위해 새로

최후의 만찬 | 『신약성서』의 「요한복음」 제13장 22절부터 30절에 이르는 내용을 그린 벽화 템페라. 레오나르도 다빈치.

운 재질의 물감을 찾았고 물감의 특성에 맞는 화법을 만들었습니다. 화가들은 오랜 도제 시절을 거쳐 스승에게 그 비법을 전수받았는데, 19세기 말부터 그림물감 회사가 물감을 만들고 캔버스를 공급하는 등 창작에 필요한 재료를 생산해 화가들의 수고를 덜어 주었습니다. 이와 같이 화가들은 시대마다 다른 재료를 사용해 그림을 그렸습니다. 회화의 역사는 재료의 역사라고 할 수 있을 만큼 다양한 재료와 그에 걸맞은 회화 기법을 통해 다양한 미술 작품이 탄생했습니다.

순간을 영원히 기록하다

우리가 살펴본 대로 원시 시대부터 고대, 중세에 이르기까지 미술사의 모든 시기, 모든 작품이 다 의미가 있지만 특히 르네상스 시대가 미술사에서 차지하는 자리는 매우 큽니다. '다시 태어나다'라는 뜻의 르네상스는 수세기 동안의 중세 암흑기를 거쳐 다시 맞은 예술의 부활기입니다. 신에게만 향하던 모든 관심을 과학과 합리성을 내세워 인간 중심으로 바꿔 나갔던 시기로 인간이 주인공이었습니다. 예술가들은 인간의 욕망을 작품으로 표현했는데, 그 가운데 초상화가 큰 자리를 차지했습니다.

르네상스 회화의 주요 장르로 자리 잡은 초상화는 부와 권력을 지닌 역사적 인물과 사건을 생생한 기록으로 남기는 역할을 했습니다. 초상화의 단골 주인공은 왕과 군주, 귀족, 성직자 등의 특정 계층이었으며, 이들은 초상화를 통해 권력을 과시하는 한편 스스로를 미화하고 숭배받기를 원했습니다. 자신의 존재를 알리고 또 오래 남기고 싶은 인간의 욕구는 일반 평민들에게까지 확대되어 마침내 르네상스 시대에 이르러서는 상인이나 성공한 평민도 멋진 초상화를 가지게 되었습니다. 화가 자신부터 이름 모를 보통 사람과 여인까지 모든 사람이 초상화의 주인이 되었으며, 화가들은 다양한 사람들의 모습과 삶을 화폭에 담음으로써 많은 걸작을 후세에 남겼습니다. 지금 우리가 놓치고 싶지 않은 순간을 카메라에 담듯 당시에는 초상화가 순간을 영

나폴레옹의 초상화 | 당시 유행하던 의상과 머리 모양, 소품
까지 알 수 있다.

원으로 기록하는 역할을 맡았던 것입니다. 따라서 르네상스 시대의
화가들은 강력한 의사소통 방법 가운데 하나인 인물의 표정까지 초
상화 안에 담기 위해 애썼습니다. 얼굴의 명암과 음영, 눈매와 입꼬리
를 비롯해 시선까지 하나하나 섬세하게 묘사해서 인물의 내면을 표현
했습니다.

모나리자 | 본래 눈썹이 있었는지 없었는지에 대해 논란이 많다. 레오나르도 다빈치.

우리가 아는 초상화 중 가장 유명한 작품은 바로 레오나르도 다빈치(Leonardo da Vinci, 1452~1519)의 〈모나리자〉입니다.

세로 77센티미터, 가로 53센티미터 크기의 유채 패널화인 이 초상화는 현재 프랑스 루브르 박물관에 소장돼 있습니다. 역사상 가장 유명한 이 초상화의 주인공은 피렌체의 부유한 상인 조콘다의 부인 '리자'입니다. '모나리자'의 '모나'는 이탈리아어로 남편이 있는 여자에 대한 경칭이므로 우리말로 모나리자 뜻을 굳이 옮기자면 '리자 여사'인 셈입니다.

리자 여사는 자신의 눈썹 없는 민낯이 이렇게 오랜 세월 동안 전 세계에서 유명세를 치르리라고 짐작이나 했을까요? 레오나르도 다빈치의 원숙기인 제2 피렌체 시대에 해당하는 1503년에서 1506년까지의 작품으로 추정되는 이 초상화는 알 듯 모를 듯 미소를 머금은 표정과 편안한 손의 자세로 유명합니다. 다빈치는 이 초상화를 그리기 위해 악사와 광대까지 불러다 놓고 리자 여사를 미소 짓게 했다고 합니다. 그런데도 4년이 넘도록 완성하지 못했다고 하니 초상화를 그리는 것이 얼마나 어려운 일이었는지 짐작할 수 있습니다.

화가가 초상화를 그릴 때는 주로 유화 물감을 사용했습니다. 유화 물감은 천천히 마르는 장점이 있어서 얼굴 표정의 미세한 변화에 따라 그림을 고치기가 쉬웠기 때문입니다. 그 당시 피렌체와 밀라노의 귀족들은 실물과 똑같은 초상화를 좋아했습니다. 그러나 한편으로는 작은 크기의 초상화도 유행했다고 합니다. 헤어져 있는 연인이나 가족들은 작은 초상화를 몸에 지니고 다녔으며, 이것은 멀리 떨어져 있는 사람들을 중매할 때 사진첩처럼 사용됐다고 합니다. 집에 걸어 둔 초상화는 손님들의 부러움을 사는 자랑거리였을 뿐만 아니라 공간을 아름답게 장식하는 역할도 했습니다.

화가인가, 과학자인가?

인간 창조력의 커다란 두 줄기인 예술과 과학은 서로 떼려야 뗄 수 없을 만큼 많은 영향을 주고받으며 발전해 왔습니다. 과학기술이 발달하면서 예술에 새로운 창조 수단이 생겨났고, 예술가들은 다양한 재료와 기법으로 새로운 아름다움을 창조했습니다. 특히 르네상스 시대 이후 회화는 과학과 더욱 친밀해져 원근법과 해부학이 적용됐습니다. 해부학과 수학, 원근법 등 과학 지식에 바탕을 두고 인간의 몸을 정확히 그리고자 하는 것이 당시의 시대적 욕망이었습니다.

사실 레오나르도 다빈치는 예술가인지 과학자인지 구분할 수 없을 만큼 두 분야에서 천재적인 업적을 남긴 인물입니다. 그는 〈모나리자〉와 〈최후의 만찬〉을 그린 위대한 화가, 그 이상의 창조자입니다. 그의 작품은 철저히 과학적인 토대 위에서 이루어졌습니다. 그는 영화를 찍듯 원근법을 사용했으며, 해부학에 정통해 살아 움직이는 듯한 근육과 표정을 그림에 담았습니다.

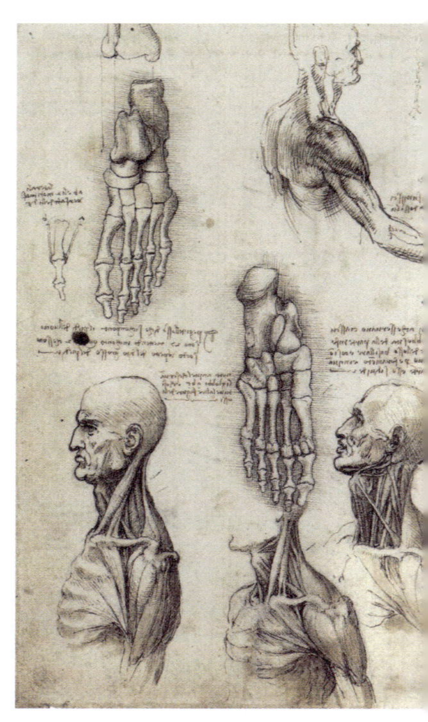

어깨 해부도 데생 | 레오나르도 다빈치.

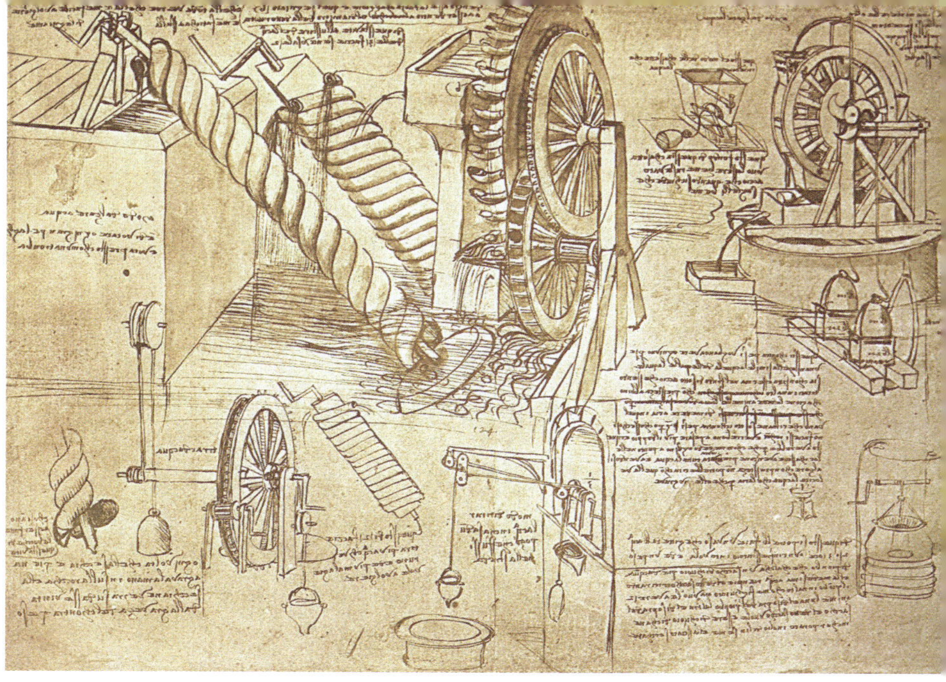

기계 장치 도안 | 레오나르도 다빈치.

레오나르도 다빈치는 남녀 30명 이상을 직접 해부하며 경험을 쌓았고, 그 결과를 200쪽이 넘는 인체 해부 데생집에 남겼습니다. 윈저 왕실 도서관에 소장돼 있는 다빈치의 해부학 데생집에는 움직이는 순간의 어깨 및 목과 가슴의 근육, 심장과 폐, 손의 동맥을 그린 해부도가 담겨 있습니다. 또한 남성과 여성의 생식 기관, 자궁 내의 태아, 두개골의 옆모습 등이 상세한 설명과 함께 사진처럼 자세히 그려져 있습니다. 다빈치의 데생집은 더 나은 창조를 위한 인간 연구 보고서, 즉 과학 논문인 셈입니다.

이와 같이 철저한 과학적 탐구를 토대로 한 예술 작품은 그야말로 생명력을 지닌 명작이 되었으며, 많은 사람들의 상상력을 자극하는 에너지로 작용했습니다. 실제로 레오나르도 다빈치의 노트와 스케치북은 예술과 과학이 앞으로 나갈 방향을 보여 주는 상상력 넘치는 작품들로 가득했다고 합니다. 시대를 앞서 간 그의 수많은 데생과 기계 장치의 도안들은 그 자체가 예술이자 과학의 미래를 보여 주는 지표인 셈입니다.

빛을 그리는 예술, 사진의 발달

레오나르도 다빈치는 오늘날 카메라의 원형인 카메라 오브스큐러(camera obscura)라는 어둠상자를 그림을 정확히 그리기 위한 복제 도구로 사용했습니다. 그러다 19세기에 사진이 발명되면서 전통적으로 미술이 하던 기록의 역할을 나눠 가지게 되었습니다. 사실 사진은 그림으로 묘사하는 것보다 훨씬 더 정확히 사물을 기록할 수 있다는 장점이 있습니다. 이로 인해 여러 종류의 순수 미술이 급격히 변했는데, 특히 초상화를 그리거나 역사적 순간을 기록하던 화가들이 큰 타격을 입었습니다.

19세기에 유행했던 사진 초상화는 유화 초상화를 주문할 만한 경제력을 갖추지 못한 중하층 계급 사람들에게서 크게 인기를 끌었습니다. 하지만 시간이 흐를수록 자신의 모습을 남기고자 하는 더

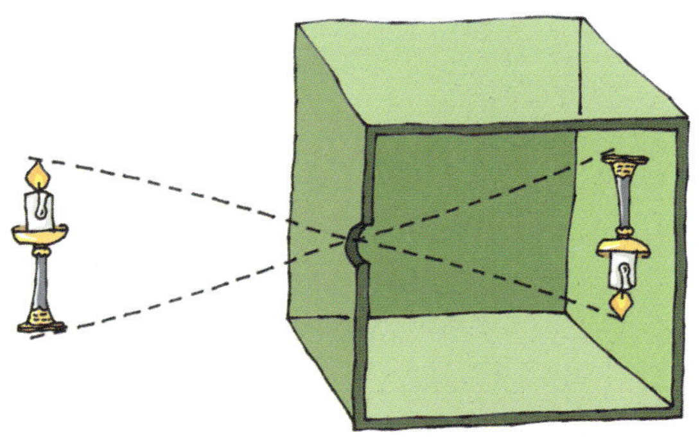

카메라 오브스큐러의 원리.

많은 사람들이 화가가 아닌 사진가를 찾게 됐습니다. 심지어 사진을 '예술의 적'이라 비판하던 시인 보들레르(Charles Pierre Baudelaire, 1821~1867)마저 나중에는 사진의 매력에 끌렸다고 합니다.

그러자 화가들은 사진에 대항하기 위해 사진기가 담을 수 없는 효과를 내는 여러 가지 화법을 개발하기 시작했습니다. 19세기 후반부터 광학과 색채 이론이 발달하면서 미술에 큰 변화가 일어납니다. 전통적인 미술 표현법에서 벗어나 인상주의·표현주의·입체파 등의 미술 운동이 일어났으며, 20세기 후반의 현대 미술은 특히 개념을 중요하게 여겼습니다.

마치 예술과 과학이 전쟁이라도 하듯 사진과 미술의 대립은 사진의 예술로서의 가치에 대한 논쟁을 불러일으키기도 했습니다. 사진은

존 허셜 | 청사진을 발명한 영국의 천문학자이자 수학자.
© Julia Magaret Cameron

20세기에 들어서야 예술로 인정받게 됩니다.

사진(photography)이라는 말은 1839년 존 허셜(John Herschel, 1792~1871)이 영국에서 공식으로 언급했는데, 이는 그리스어의 '빛(phos)'과 '그리다(graphos)'에서 유래한 말입니다.

사진이 단순히 장면을 베껴 내는 것에 머물지 않고 예술로 인정받는 이유는 작가의 느낌과 예술혼을 담아내며 말로 표현할 수 없는 부분까지 보여 주고 느끼게 하기 때문입니다. '빛으로 그리는' 사진은 과

자외선 이미지로 본 비둘기자리의 구상 성단. ⓒ NASA.

학인 동시에 예술입니다. 빛을 이용한 사진은 흑백에서 시작해 컬러 사진으로 발전했습니다. 디지털카메라는 필름을 사용할 때보다 더 편리하고 자유롭게 사물을 표현할 수 있습니다. 컴퓨터를 이용해 여러 가지 효과를 주면서 사진은 디지털 아트로 발전했습니다. 또한 과학이 발달하면서 눈에 보이지 않는 빛, 즉 자외선과 적외선을 이용해 새로운 세계를 예술로 표현할 수 있습니다. 과학의 발달로 사진이 얼마나 더 발전할지 기대됩니다.

뉴질랜드 풍경 사진 | 가시광선을 이용해 찍은 사진(위)과 적외선 필터를 이용해 찍은 사진(아래). 온도 차이에 따라 명암이 달라 보인다. 다니엘 슈웬(Daniel Schwen). ⓒ 다니엘 슈웬.

2 과학, 명화에 숨은 **비밀**을 풀다

과학기술이 발전하면서 특수 분석 기술을 예술에 적용하는 경우가 많아졌습니다. 과학과 예술은 대립 관계가 아니라 상호 보완관계로 서로 큰 영향을 끼칩니다. 사람들은 여러 가지 목적으로 과학기술을 미술에 이용하고 있습니다.

손상된 그림을 복원하거나 오래된 그림을 보존하려 할 때 과학의 도움이 절대적으로 필요합니다. 이를 위해서는 원작 상태를 정확히 분석하는 것이 무엇보다 중요합니다. 작품을 그릴 때 이용한 물감의 재료를 파악하고, 어떤 방법으로 그렸는지를 정확히 분석해야 합니다. 그런가 하면 미술품을 감정하거나 위조된 그림을 구분할 때도 과학기술이 필요합니다. 아울러 기록이 제대로 남아 있지 않은 작품의 연대나 배경을 파악하고, 작품에 사용된 화법과 그 당시 다른 화가들과의 관계 등을 파악할 때도 과학기술을 이용합니다.

미술품 복원 전문가는 그림의 색소 및 색소의 밀도를 과학기술을 이용해 밝혀냅니다. 여러 겹으로 덧칠한 그림일 경우 여러 층의 두께 및 칠한 순서, 밑그림과 겹쳐진 그림 등을 다양한 과학기술로 조사합니다. 이때 이용하는 분석 기술로는 광학 현미경, X- 선 투과 시험, 적외선 촬영기, 색층 분석법, 방사선을 이용한 X- 선 형광 분석법 등이 있습니다.

과학으로 밝히는 〈모나리자〉의 비밀

프랑스 그르노블에 있는 유럽 입자가속설비 연구진은 루브르 박물관과 함께 〈모나리자〉를 비롯한 레오나르도 다빈치의 일곱 작품에 대해 X- 선을 이용해 탐구했습니다. 연구팀은 그림에서 샘플을 얻지 않고 박물관에 그림이 걸린 상태에서 X- 선으로 스캔한 뒤 X- 선 형광 분석법으로 그림에 쓰인 색소와 여러 겹으로 칠한 그림의 두께와 화학 조성을 분석했습니다.

연구팀이 루브르 박물관에 소장된 수많은 명화 중 레오나르도 다빈치의 작품에 유독 관심을 둔 이유는 그가 자주 쓴 '스푸마토 (sfumato)' 화법 때문이었습니다. 스푸마토는 '연기처럼 사라지다'라는 뜻으로, 매우 섬세하고 부드러운 색의 변화를 표현하는 음영법입니다. 다빈치는 색을 미묘하게 처리해 윤곽을 없애거나 아주 연하게 표현함

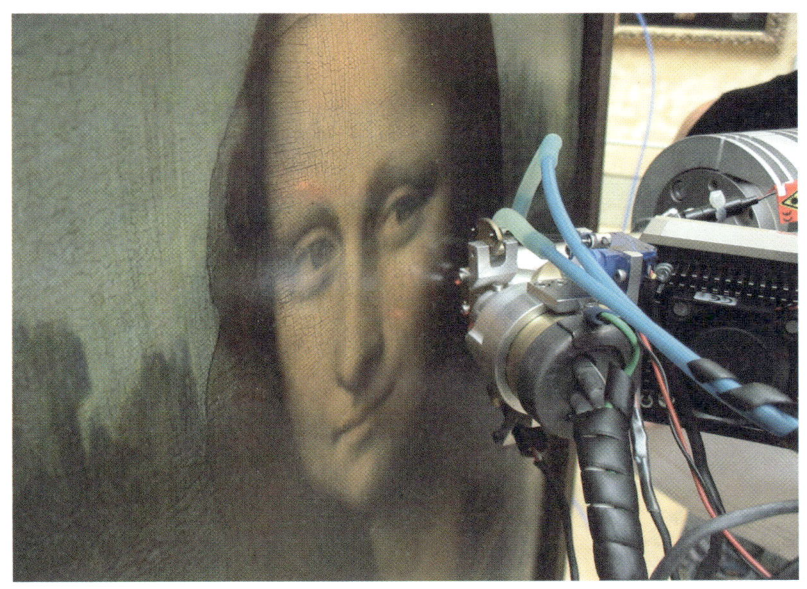

X– 선 형광 분석법으로 화가가 사용한 색소와 그림 층의 두께 등을 정확히 알 수 있다.
© V.A. Solé, 유럽 입자가속설비 연구팀.

으로써 그림을 온화하게 보이게 하는 이 화법을 즐겨 사용했습니다. 이 화법으로 다빈치의 그림이 살아 있는 실물처럼 3차원적인 효과를 낼 수 있었던 것입니다. 연구팀은 레오나르도 다빈치의 스푸마토 화법을 분석해 그가 색의 농도가 옅은 부분에서 짙은 부분으로 바뀌는 곳의 음영을 어떻게 표현했는지 자세히 밝혔습니다.

또 〈모나리자〉의 미소에 숨은 비밀도 밝혀냈습니다. 다빈치가 〈모나리자〉의 미소와 얼굴의 명암을 표현하기 위해 짙은색 물감을 사용하는 대신 투명 유약을 아주 얇게 여러 번 칠해 명암을 표현했음을 밝혀낸 것입니다. 이때 한 번 칠한 곳의 두께는 1~2마이크로미터 정도로 얇았으며, 여러 번 칠한 부분은 30~40마이크로미터 정도로 두꺼웠습니다. 이렇게 여러 번 칠을 하려면 앞서 칠한 부분이 마를 때까지 기다려야 하는데, 칠한 물감의 성분에 따라 며칠에서 몇 달이 걸렸을 것이라고 합니다. 4년이 넘도록 〈모나리자〉가 완성되지 못한 이유를 알겠지요?

고흐의 〈잔디밭〉과 숨은그림찾기

다음 그림은 1887년 고흐(Vincent van Gogh, 1853~1890)가 동생 테오와 함께 파리에 살 때 그린 〈잔디밭〉입니다. 과학자들은 명작을 복원할 때 쓰이는 특수 과학 분석 기술이 명작 속에 숨겨진 그림도 찾아낼 수 있음을 알아내고 몇몇 명작을 검색하던 중 고흐의 〈잔디밭〉 그림 아래 숨겨진 여인의 얼굴을 찾아냈습니다.

숨은그림찾기의 주역은 네덜란드 델프트 공과대학의 요리스 딕(Joris Dik)과 벨기에 앤트워프 대학의 코엔 얀센스(Koen Janssens) 등의 과학자입니다. 두 사람은 입자가속기의 강도 높은 X- 선으로 반 고흐가 그림을 그릴 때 사용한 색소의 성분을 조사했습니다. 그 결과 물감의 화학 성분이 각각 다른 양의 형광 물질을 가지고 있다는 점을 밝혀냈고, 이를 이용해 뜻밖의 숨겨진 그림을 찾아내는 데 성공했습니다. 이들은 숨어 있는 물감의 구성 원소를 분석해 수은 원자는 붉은 색소, 안티몬 원자는 노란 색소라는 점을 밝힘으로써 그림 아래 숨어 있던 여자 농부의 얼굴을 찾아냈습니다.

고흐의 〈잔디밭〉 그림 아래 숨은 여인의 얼굴.
© Joris Dik, 2008.

　X- 선으로 그림 속까지 투과해 맨눈으로는 보이지 않는 숨은그림을 찾아냈다니 정말 놀라운 일입니다. 그렇다면 어째서 이런 일이 생겼을까요? 반 고흐가 일부러 어떤 여인의 초상화를 숨겨 둔 것일까요? 아닙니다. 매우 가난했던 고흐가 돈을 절약하기 위해 캔버스를 재활용했기 때문입니다. 미술사가들은 반 고흐가 1884년에서 1885년경 네덜란드 누넨 마을에 머물 때 이 그림을 그린 것으로 추정합니다.

　어쨌든 이미 이 세상 사람이 아닌 화가의 미공개 작품을 만난다는 것은 즐거운 발견입니다. 과학기술의 놀라운 발전 덕분에 우리는 고흐의 새로운 그림을 보았습니다. 물론 고흐의 입장에서는 돈을 아끼기 위해 캔버스를 다시 사용했을 수도 있고, 만족스럽지 못한 그림을 숨기기 위해 덮어 버린 것일 수도 있지만 말입니다.

또한 두 과학자는 스페인 미술을 대표하는 화가 고야(Goya y Lucientes, 1746~1828)의 작품 속에 숨겨진 그림도 발견했습니다. 문제의 작품은 고야가 1823년에 그린 〈라몬 사투에의 초상〉입니다. 큐레이터들은 이 마드리드 법원 판사의 초상화 아래 뭔가가 있음을 감지했지만 희미해서 무엇인지 밝혀내지 못했습니다. 하지만 두 과학자가 X- 선 형광 분석법으로 초상화 밑에 숨어 있는 또 다른 인물을 찾아낸 것입니다.

숨겨진 그림은 어느 남자의 초상화였는데, 그는 스페인 복장이 아니라 프랑스 장군의 복장을 하고 있었습니다. 고야가 미처 얼굴을 그리지 않았지만 장군 옷과 가슴에 매단 메달로 보아 당시 스페인 왕이었던 조셉 보나파르트이거나 그의 수하 장군일 가능성이 큽니다. 조셉은 나폴레옹의 동생으로 1808년부터 1813년까지 스페인을 통치한 왕이었습니다. 프랑스 군은 당시 위기에 빠진 스페인의 요청으로 스페인에 들어왔지만 오히려 스페인을 점령하고 직접 통치에 나섰습니다. 그러니 고야는 조국인 스페인을 침입한 적군의 장군을 그린 셈이었습니다. 고야는 이런 정치적 이유로 그림을 숨겼던 걸까요? 당시에는 나폴레옹과 관련된 그림을 그린다는 것 자체가 위험천만한 일이었습니다. 그래서 고야는 1823년 마드리드 판사의 초상화를 그리면서 그 아

<라몬 사투에의 초상> 그림 아래 숨겨진 또 다른 초상화. ⓒ TU Delft.

래 묻어 두기로 했던 것일까요?

화가로서 최고 영예인 수석 궁정 화가의 자리에까지 올랐던 고야는 프랑스로 망명해 세상을 떠날 때까지 그 나라에 머물렀다고 합니다. X- 선으로 찾아낸 고야의 그림 속에서 숨겨진 초상화뿐만 아니라 고단했던 그의 정치적 역정이 보이는 듯합니다 .

3 중세의 나노 과학자

색이 변하는 리큐르구스 술잔의 비밀

스테인드글라스는 여러 색깔의 유리를 다양한 크기로 잘라서 납틀에 끼워 넣은 것으로 '유리그림'이라고도 합니다. 스테인드글라스는 12세기 이후 교회 건축에서 꼭 필요한 예술로 자리 잡았으며, 그 중심지는 파리의 수도원이었습니다. 거대한 창을 아름다운 스테인드글라스로 장식하는 일은 '빛'으로 하나님을 표현하는 신비한 예술이었습니다. 고딕 건축물의 거대한 창과 그 창을 통해 성당 안으로 들어오는 빛은 신비한 아름다움을 나타내기에 충분했습니다. 스테인드글라스에 대해 자세히 알아보기 전, 먼저 유리에 대해 살펴봅시다.

유리는 기원전 3500년경 메소포타미아에서 처음 만들어진 것으로 추정됩니다. 로마 시대에 들어와 작은 크기의 스테인드글라스를 많이

붉은색 유리가 아름다운 노트르담 대성당의 스테인드글라스.

만들었는데, 이때 만들어진 대표 작품으로 리큐르구스의 술잔이 있습니다. 4세기경 만들어진 것으로 보이는 이 술잔은 빛이 투과되면 녹색 술잔의 색깔이 빨간색으로 변합니다. 적은 양의 금과 은의 합금 나노* 입자가 포함되어 있기 때문

리큐르구스의 술잔 | 빛에 따라 색이 다르게 보인다. 16.5×13.2센티미터, 대영 박물관 소장.

피피엠

ppm: parts per million

농도를 표시하는 단위로 어떤 양이 전체의 100만분의 몇을 차지하는가를 나타낸다. 1ppm은 100만분율이다.

인데, 분석한 결과 330피피엠*의 은과 40피피엠 정도의 금이 첨가된 것으로 알려졌습니다.

이토록 미세한 나노 입자로 색유리를 만들었다니! 로마 시대의 장인들이 나노 과학기술을 벌써 알고 있었던 것일까요? 그들은 금과 은이 녹은 유리와 고온에서 섞이면 합금이 된 나노 입자가 되어 유리 색을 변하게 한다는 것을 어떻게 알았을까요? 당시 기술로는 적은 양의 나노 크기 금속 입자를 정확히 유리에 첨가하는 것이 불가능했습니다. 그래서 장인들이 유리를 만들 때 처음에는 적은 양의 입자를 첨가한 뒤 여러 번에 걸쳐 녹은 유리만 첨가해 나노 입자의 양을 희석한 것으로 추측합니다.

이 술잔은 나노 입자 때문에 색이 달리 보이는 신기한 유리잔입니다. 빛을 비춘 방향에서 보면 나노 입자의 크기가 커서 빛이 거의 통과되지 않고 반사되기 때문에 녹색으로 보이지만, 빛을 비춘 반대편에서는 빨갛게 보입니다. 나노 입자들이 투과되는 단파장의 빛을 더 잘 산란시켜 장파장인 빨간색만 투과하기 때문입니다. 로마 시대에 만들어진 리큐르구스의 술잔을 전자현미경[*]으로 분석했더니 금과 은을 합금한 나노 입자 크기가 70나노미터 정도로 밝혀졌습니다. 나노 단위의 미세한 입자를 어떻게 유리에 섞었는지 신기할 뿐입니다.

스테인드글라스에 숨은 나노 과학기술

시간이 흘러 중세 시대의 장인들도 더욱 멋진 색유리를 만들었는데, 그들 역시 그것이 나노 과학기술임을 알지 못했습니다. 당시 장인들은 염소와 금의 화합물인 염화금을 용해된 유리에 첨가하면 빨간색 유리를 만들 수 있다는 사실을 알았고, 이 비법으로 멋진 스테인드글라스를 만들었습니다. 오늘날 이를 분석해 보니 놀랍게도 스테인드글라스의 금 나노 입자들이 유리에 골고루 섞여 빛을 적절히 흡수

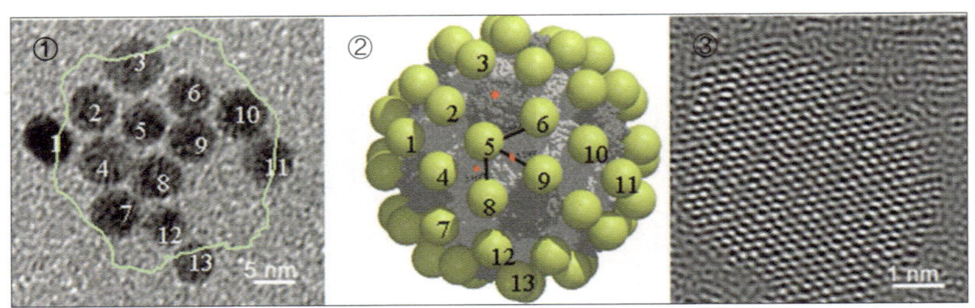

① 투과 전자현미경으로 본 금 나노 입자들. ② 금 나노 입자를 원하는 곳에 규칙적으로 배열해 만든 분자 일렉트로닉스 소자의 모형도. ③ 고분해 전자현미경으로 본 금 나노 입자의 원자 배열 구조. © 텍사스 주립대학교 Science & Beyond 연구실.

반사시켜 짙은 붉은색을 띠는 것이었습니다.

그런데 보통 우리가 알고 있는 금은 노란색인데 빨간색 유리를 만드는 비법이 금 나노 입자였다니 이상하기도 하고 신기하기도 합니다. 금으로 빨간색 유리를 만들 수 있는 건 금이 입자 크기에 따라 색깔이 달라지기 때문입니다. 금은 입자 크기에 따라 빨간색, 주황색, 녹색, 보라색으로 보입니다. 분석 결과 중세 시대의 빨간색 스테인드글라스에 쓰인 금은 25나노미터 정도의 둥근 모양을 한 나노 입자였습니다. 이 나노 입자 표면에 집단으로 진동하는 자유 전자, 즉 플라즈몬이 빨간색의 파장과 같은 파장으로 공명하기 때문에 빨간색을 띠는 것입니다.

또 유리에 질산은을 섞으면 노란색 스테인드글라스가 되는데 이는 은 나노 입자 때문입니다. 은도 입자 크기에 따라 빨간색, 노란색, 파란색 등 다른 색을 띠는데, 노란색을 띠는 은 나노 입자는 100나노미터 정도의 크기입니다. 이렇게 스테인드글라스에는 금과 은 나노 입자뿐만 아니라 다양한 나노 입자들이 있어 여러 가지 아름다운 색이 나타나는 것입니다.

스테인드글라스는 다양한 모양과 크기의 색유리 조각을 붙여 만드는데, 먼저 유리를 잘 만들어야 합니다. 유리를 만드는 재료는 실리카, 즉 이산화규소(SiO_2)로 이것은 모래의 주성분입니다. 실리카는 오늘날 컴퓨터 칩을 만들 때 반드시 필요한 실리콘 기판의 원료이기도 합니다. 실리카는 녹는점이 섭씨 1,720도 정도로 매우 높아서 일반 용광로에서는 순수한 모래를 녹여 유리를 만들기가 쉽지 않습니다. 그러

니 중세의 기술로 유리를 만드는 일이 얼마나 힘들었을지 짐작할 수 있습니다.

모래에 석회, 소다회, 탄산칼륨, 산화납 같은 첨가물을 넣으면 모래의 녹는점을 훨씬 낮은 온도로 내릴 수 있습니다. 이렇게 상대적으로 낮은 온도에서 모래를 녹인 다음 산화금속, 황화물, 염화물 같은 다양한 첨가제를 섞어서 유리에 색깔을 냅니다. 예를 들어 금 염화물을 넣으면 짙은 루비색을 낼 수 있고 질산은은 노란색, 산화구리는 녹색, 코발트는 파란색 스테인드글라스를 만들 수 있습니다. 그러므로 아름다운 스테인드글라스로 교회를 장식했던 중세의 장인들은 색유리 만드는 원리를 설명하지 못했을 뿐, 금과 은의 나노 입자를 이용할 줄 알았던 중세의 나노 과학기술자였던 셈입니다.

중세 시대의 장인들은 주로 빨간색과 밝은 노란색 스테인드글라스를 많이 만들었는데, 이 색들이 사람의 감정을 자극하는 효과가 있기 때문이라고 합니다. 스테인드글라스를 통해 비치는 아름다운 색채의 빛은 신비스러운 분위기를 자아내고, 교회 안에 들어서는 사람들

나노 입자의 크기에 따라 다른 색깔을 나타내는 예 | 입자의 크기가 클수록 붉은색(오른쪽)을 띤다.

의 마음을 경건하게 해 주었습니다. 또한 당시에는 대부분의 사람들이 글을 읽지 못하는 문맹이었으므로 성경 내용을 스테인드글라스로 표현해 교육 효과를 거두기도 했다고 합니다. 중세 교회의 스테인드글라스는 글을 모르는 사람들을 위한 그림 성경이었던 셈입니다.

이렇듯 교회 창문을 장식했던 스테인드글라스는 아름다운 예술 작품일 뿐만 아니라 그 당시 사람들의 뛰어난 과학기술을 보여 주는 좋은 예입니다. 거대한 창의 크기에 맞춰 색과 크기, 모양이 다양한 색유리 조각을 연결해 작품을 완성하기 위해서는 납으로 유리 조각들

중세의 스테인드글라스 | 유리 사이사이의 검은색 이음매가 두껍게 보인다.

19세기 중반의 스테인드글라스 | 납선 대신 매우 얇은 구리 포일을 사용해 스테인드글라스의 이음매가 한결 자연스러워졌다.

을 이은 뒤 철제 틀로 전체 모양을 고정해야 합니다. 앞 장의 사진에서 보이는 커다란 검은색 윤곽선이 바로 납으로 유리 조각을 이은 이음매입니다. 하지만 당시의 납선으로는 아주 복잡하고 섬세한 모양의 유리 조각을 연결할 수 없었습니다.

세월이 흘러 과학이 발달할수록 더욱 다양한 종류의 색유리가 개발되었고, 커다랗고 두꺼운 이음매를 없애기 위해 19세기 중반 미국에서 납선 대신 아주 얇은 구리 포일을 이용한 티파니 라파지 방식이 개발됐습니다. 이 방식은 납선보다 훨씬 얇은 구리 포일을 사용하기 때문에 섬세하고 작은 크기의 유리그림을 더욱 정교하게 연결해 구성이 훨씬 복잡한 스테인드글라스를 만들 수 있었습니다.

티파니(Louis Comfort Tiffany, 1848~1933)는 자신이 디자인해 1894년

현대의 스테인드글라스 | 색유리를 겹쳐 이음매가 아예 보이지 않는다.

특허 등록을 한 퍼브릴 글라스로 유명합니다. 퍼블릴 글라스는 보는 각도에 따라 다른 색깔을 띠는 무지갯빛 유리 공예품입니다. 비슷한 시기에 존 라파지(John La Farge, 1835~1910)는 벽화와 스테인드글라스에 관심을 가지고 미국의 미술 공예 운동을 이끌었습니다. 그는 오펄레슨트 유리(opalescent glass)라는 새로운 색유리판을 발명해 더욱 새로운 모양의 스테인드글라스 장식을 만드는 데 공헌했습니다.

20세기에 들어서는 프랑스의 화가 장 크로티(Jean Crotti, 1878~1958)가 색유리를 이을 때 납선을 사용하지 않고 색유리를 겹쳐 이음매를 마무리하는 새로운 방식을 개발했습니다. 투명 유리판 위에 색유리 조각들을 접착제로 붙여 원하는 모양으로 나열한 다음 투명한 에나멜 유약에 담가 유리 조각들이 서로 붙을 때까지 구우면 표면이 매끄럽고 광택이 나는 스테인드글라스 작품이 됩니다. 장 크로티는 이 방식으로 피카소의 작품 같은 대작을 스테인드글라스로 재현하기도 했습니다.

4 예술과 기술의 경계를 넘나들다 - 미디어 아트

과학기술이 발전하면서 예술과의 융합이 더욱 활발해졌고, 이에 따라 새로운 분야의 예술이 탄생했습니다. 기존의 예술 작품이 정지된 공간에 수동적 형태로 놓여 있었다면 현대의 예술 작품은 더욱 입체적이고 능동적이며 대중과 상호 작용하는 경향이 있습니다. 미디어 아트는 대중에게 파급 효과가 큰 대중매체와 미술의 만남으로 '매체 예술'이라고도 합니다. 1960년에 생겨나 1970년대 이후 본격적으로 발전하기 시작한 미디어 아트는 신문, 잡지, 책, 만화, 포스터, 음반, 사진, 영화, 라디오, 텔레비전, 비디오, 컴퓨터 등의 매체를 창작 도구로 사용합니다.

미디어 아티스트들은 빠른 속도로 발전하는 과학기술과 이에 따라 생겨나는 뉴 미디어를 이용해 현대 미술을 더욱 확장시켰습니다. 인터넷의 발전과 디지털 미디어의 보급 그리고 쏟아져 나오는 혁명적 기기

덕분에 미디어 아트는 더욱 세분화되고 있습니다. '과학과 예술의 결합'은 이런 뉴 미디어를 통해 꽃피우며, 예술의 영역은 우리의 상상을 뛰어넘을 만큼 넓어지고 있습니다. 예술은 이제 단순히 우리의 눈이나 귀를 만족시키는 데 머물지 않습니다. 사람들은 오감으로 작품을 느끼고, 작가와 관람객이 상호 작용을 하며, 표현 공간은 가상 공간으로까지 확장돼 가고 있습니다.

기계로 찍어 내는 미술 작품 – 팝 아트

1960년 미국 뉴욕을 중심으로 꽃피운 팝 아트는 대중문화와 미술이 만나 탄생한 새로운 미술 흐름입니다. 이는 대중 예술을 뜻하는 말로 텔레비전이나 잡지, 광고 등에 나오는 대중적 이미지를 예술로 승화시킨 것입니다. 팝 아트는 일부 계층에서만 누리던 고상하고 전통적인 미술과는 확연히 구분되며 대중 미술과 순수 미술 사이의 담을 허물었습니다. 당시 대량생산과 대량 소비가 이루어지던 미국 사회에서 팝 아트 작가들은 대중매체에 익숙한 사람들에게 '같은 것을 소비하고 같은 것을 즐기는' 새로운 형태의 미술을 선사했습니다. 누구나 즐길 수 있는 대중매체 속의 친숙한 이미지들이 작품으로 탄생했고, 이 작품들은 대중에게 고상한 해석을 요구하지도 않았습니다.

팝 아트의 선구자 앤디 워홀(Andy Warhol, 1928~1987)은 현대 미술을 상징하는 인물입니다. 1928년 미국 펜실베이니아에서 태어난 그는 카네기 공과대학에서 산업 디자인을 전공한 뒤 뉴욕에서 상업 미술가로 성공했습니다. 이후 작품 활동을 순수 미술 분야로 바꾸었지만 처음에는 보수적인 미술계로부터 외면당했습니다. 그도 그럴 것이 워홀은 콜라병, 수프 깡통, 케첩 상자 등 슈퍼마켓에서나 볼 수 있는 것을 작품으로 담아냈으며, 마릴린 먼로와 엘비스 프레슬리, 재클린 케네디 오나시스 등 유명인의 초상화를 대량으로 만들었습니다. 워홀의 작품은 기발하고 제한이 없었으며, 그는 자신의 작업실을 공장(The Factory)이라 이름 붙이고 스스로를 최고 경영자(CEO)라고 불렀습니다. 그는 실크 스크린 판화 기법으로 작품을 대량생산했고 원본과 복제본의 구분을 없앴으며 희소성 대신 대중성을 선택했습니다.

스스로 기계이기를 원했던 워홀은 기계처럼 미술 작품을 찍어 냈습니다. 세상에 단 하나밖에 없는 희소성 있는 작품을 남기고 싶어 한 이전 작가들과는 확연히 다른 태도로 미술의 대중화에 크게 기여했습니다. 예술을 '세상의 거울'이라고 생각하면서 자신이 속한 세상을 마음껏 표현했습니다. 그는 소수의 특정 계층만 누리는 예술이 아니라 많은 사람들이 함께 느끼고 즐길 수 있는 작품을 만들어 상업적 성공과 아울러 예술적 성공까지 이뤘습니다.

더 나아가 1963년 첫 영화 〈잠〉을 만든 이래 모두 280여 편의 영화를 찍은 앤디 워홀은 말 그대로 현대 예술의 전설이자 미술, 영화, 광고, 디자인 등 시각 예술 전반에서 혁명을 이끈 팝 아트의 대부입니다.

앤디 워홀과 어깨를 나란히 하는 대표적인 팝 아트 작가로 뉴욕 출신의 로이 리히텐슈타인(Roy Lichtenstein, 1923~1997)이 있습니다. 추상 표현주의 작품을 그리던 그는 1961년부터 대중적인 만화를 소재로 작품을 만들었습니다. 자신의 아들이 좋아하는 디즈니 만화의 주인공 미키 마우스와 도널드 덕을 시작으로 한 그의 그림은 밝은 색채와 선명한 검은색 테두리 그리고 인쇄물을 확대했을 때 보이는 것처럼 수많은 점을 사용한 것이 특징입니다. 리히텐슈타인은 같은 크기의 작은 점을 사용해 명암 효과를 냈습니다. 또 실제 만화를 거의 그대로 유화로 옮겼는데, 만화에서처럼 말풍선에 글까지 적어 넣었습니다. 그의 작품은 개인전이 열리기도 전에 모두 팔릴 정도로 크게 인기를 끌었으며, 일상과 예술의 경계를 허물었다는 평가를 받고 있습니다.

앤디 워홀과 같은 시대를 살았던 리히텐슈타인은 "오늘날 예술은 우리 주위에 있다."라고 주장하며 가장 미국적인 만화를 작품으로 승화시켜 예술의 경계를 넓혔습니다. 그는 조금 저급하게 취급됐던 만화로 인간의 영원하고도 변함없는 주제인 '사랑'과 '전쟁'을 쉽고 진솔하게 표현하는 데 성공했습니다. 단순하고 한눈에 들어오는 그의 그림은 많은 식견과 복잡한 해설이 필요하지 않았습니다. 작품 세계를 이해하려 애쓸 필요가 없었기 때문에 사람들은 그의 작품에 열광

했습니다. 로이 리히텐슈타인의 대표작으로는 〈물에 빠진 소녀〉 〈꽝
(Whaam)!〉 〈행복한 눈물〉 등이 있습니다.

테크놀로지의 예술적 변신 – 비디오 아트(Video Art)

비디오 아트는 영상이나 음향 자료를 이용해 표현하는 예술의 한
분야입니다. 그러나 일반적인 텔레비전용 비디오나 실험 영화는 비디
오 아트가 아닙니다. 비디오 아트는 영화나 방송과는 달리 연기자가
필요하지 않고, 음향이나 줄거리가 꼭 있어야 하지도 않습니다. 어떤
형식에도 얽매이지 않고 비디오 아티스트가 자유롭게 창작합니다. 그
리고 비디오테이프, DVD, 텔레비전 모니터 등 다양한 매체를 이용합
니다. 텔레비전 모니터로 조형물을 만들어 방송이나 녹화물을 보여
주기도 하고 여러 가지 영상을 합성해서 보여 주기도 하는 등 다양한
표현법을 사용합니다. 원래 비디오 아트라는 이름은 창작에 사용되는
비디오테이프에서 유래했지만, 과학기술이 발전하면서 전달 매체도
하드디스크, CD, DVD, USB 외장 하드 등으로
다양해졌습니다.

비디오 아트는 1965년 가을 백남준이 소니의
비디오 포타팩*을 이용해 교황 요한 바오로 6세
의 뉴욕 방문 행렬을 보여 주면서 시작되었습니

포타팩*
Portapak
1965년 소니에서 개발한
세계 최초의 휴대용 비디오
카메라.

다. 이후 1970년대 전반부터 유행하기 시작해 기술의 예술적 가능성을 보여 주는 현대 예술의 한 장르로 자리잡았습니다.

형식주의 예술에 반발하는 비디오 아티스트들은 작가 자신보다 예술을 감상하는 사람들을 중요하게 생각합니다. '움직이는 전자 회화'라고도 불리는 비디오 아트의 유명한 작가로는 한국의 백남준을 비롯해 케이드 소니어(Keith Sonnier, 1960~), 비토 아콘치(Vito Hannibal Acconci, 1940~) 등이 있습니다.

비디오 아트를 처음 만든 사람이자 세계 최고의 비디오 아티스트인 백남준은 전위적이고 실험적인 공연과 전시로 유명합니다. 미술사와 미학을 공부했으며 독일 유학 시절에는 현대 음악을 전공한 특이한 이력을 지닌 그는 〈존 케이지에 대한 오마주〉를 공연하면서 바이올린을 부수는 파격으로 세계의 이목을 집중시켰습니다. 음악과 퍼포먼스, 비디오가 결합된 작품을 선보이며 공연 때마다 피아노를 파괴하는가 하면 관람객의 넥타이나 셔츠를 자르거나 머리를 감기는 등 격한 퍼포먼스를 보여 주었습니다. 다른 분야의 예술가들과 함께 작업하기를 즐겨 했던 그는 언제나 화제를 몰고 다녔습니다. 백남준의 주요 작품으로는 1982년 최초의 위성 중계 작품 〈굿모닝 미스터 오웰〉

을 비롯해 〈바이 바이 키플링〉〈손에 손 잡고〉〈엄마〉 등이 있습니다. 비디오 아트에 머무르지 않고 설치 미술, 레이저 아트에까지 도전한 백남준은 끊임없이 새로운 예술과 변혁을 꿈꾼 탐험가였습니다.

예술과 기술의 경계를 허물다 – 디지털 아트(Digital Art)

디지털 아트는 디지털 기술과 디지털 매체를 이용해 창작한 모든 예술을 말합니다. 주로 컴퓨터를 이용해 음향, 그래픽, 영상 작품 등을 창조하는 컴퓨터 아트뿐만 아니라 일반적인 소재를 디지털화해 컴퓨터로 조작 또는 합성해서 다시 창작하는 것도 포함됩니다. 디지털 아트에는 다양한 분야가 있는데 그 가운데 대표적인 것으로는 컴퓨터 아트, 프랙탈 아트, 컴퓨터 3D 그래픽스, 컴퓨터 애니메이션, 인터랙티브 아트, 가상 아트, 인터넷 아트 등이 있습니다. 컴퓨터 기술이 발전함에 따라 전문가뿐만 아니라 일반인도 개인 컴퓨터로 다양한 디지털 아트를 실현할 수 있게 됐습니다.

미국의 오스틴 디지털 아트 박물관은 디지털 아트만을 전시한 최초의 박물관입니다. 이곳에서는 작품의 주제가 디지털 기술과 연관이 있거나, 작품을 만드는 과정에서 디지털 기술을 이용했거나, 디지털 기술을 이용해 얻은 작품을 모두 디지털 아트라고 폭넓게 정의하

3차원 입체 와이어 프레임 모델.

완성된 실물 같은 3차원 공룡의 모습.

3차원 입체 모형을 3D 컴퓨터 그래픽스로 만드는 과정 | 와이어 프레임 모델로 3차원 공룡의
모서리 윤곽만을 표시해 모형의 입체 모양을 빠르게 확인, 검색한 뒤 조명에 의한 그림자까지
표시해 주는 최종 화상 처리를 해 실물 같은 공룡의 3차원 모습을 완성한다.
© Desmond Blair, 텍사스 주립대학교.

고 있습니다. 오스틴 텍사스 주
립대 컴퓨터과 박사 과정의 채풋
(Chaput)과 예술 역사학과 졸업생
이자 박물관에서 일한 적이 있는 랜
킨(Rankin)이 1997년 이 박물관을 설립
했습니다. 그 당시 현대 미술에 불만이 있

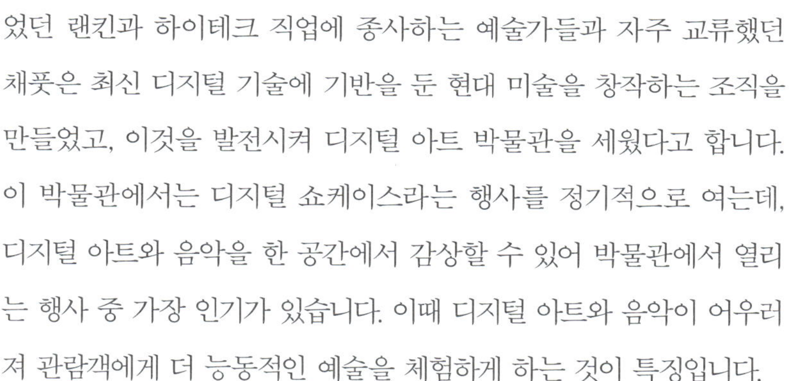

었던 랜킨과 하이테크 직업에 종사하는 예술가들과 자주 교류했던
채풋은 최신 디지털 기술에 기반을 둔 현대 미술을 창작하는 조직을
만들었고, 이것을 발전시켜 디지털 아트 박물관을 세웠다고 합니다.
이 박물관에서는 디지털 쇼케이스라는 행사를 정기적으로 여는데,
디지털 아트와 음악을 한 공간에서 감상할 수 있어 박물관에서 열리
는 행사 중 가장 인기가 있습니다. 이때 디지털 아트와 음악이 어우러
져 관람객에게 더 능동적인 예술을 체험하게 하는 것이 특징입니다.

프랙탈 아트(Fractal Art)

프랙탈 아트를 이해하려면 먼저 프랙탈이 무엇인지 알아야 합니다.
프랙탈이란 작은 부분이 전체와 비슷한 형태로 끝없이 되풀이되는 구
조를 말합니다. 즉, 고사리처럼 부분이 전체의 모습과 같은 '자기 유
사성'을 지닌 구조를 말합니다. 이런 이미지는 리아스식 해안선이나
동물 혈관의 분포 형태, 나뭇가지 모양, 창문에 성에가 끼는 모습 등

자연에서도 많이 관찰됩니다.

프랙탈이라는 말은 프랑스의 수학자 만델브로(Benoit B. Mandelbrot, 1924~2010)가 1975년 처음 사용했습니다. 프랙탈 이미지는 수학 다항식이나 비선형 방정식을 푸는 방법 중에서 반복적 방식을 적용할 때 생깁니다. 따라서 방정식의 매개 변수를 약간만 다르게 해도 색다른 프랙탈 이미지를 얻을 수 있어 그 모양은 무궁무진하게 변합니다. 프랙탈은 원래 수학에서 출발했지만 컴퓨터 예술에도 적용됩니다.

프랙탈 아트는 한마디로 프랙탈 이론의 예술적 변신으로 무한 반복을 통해 만들어지는 아름다운 이미지를 예술 작품으로 만드는 작업입니다. 프랙탈 아트는 수학의 예술적 변신으로 만들어진 컴퓨터상의 이미지를 예술적으로 승화시켜 미술이나 사진 같은 시각 예술의 한 분야가 되었습니다. 또한 컴퓨터에서 프랙탈이라는 이미지를 만드는

스털링(sterling) 프랙탈 프로그램으로 만든 프랙탈 이미지. © Soler 97, 2011.

소프트웨어 프로그램을 이
용해 얻은 이미지와 이렇게
얻은 이미지를 다른 이미지
와 합성해서 만든 디지털 미
술품도 프랙탈 아트라고 합
니다. 프랙탈 아트 역시 처음
에는 사진과 마찬가지로 예
술로 인정받지 못했고 그 예
술성에 대해 논란이 있어 왔

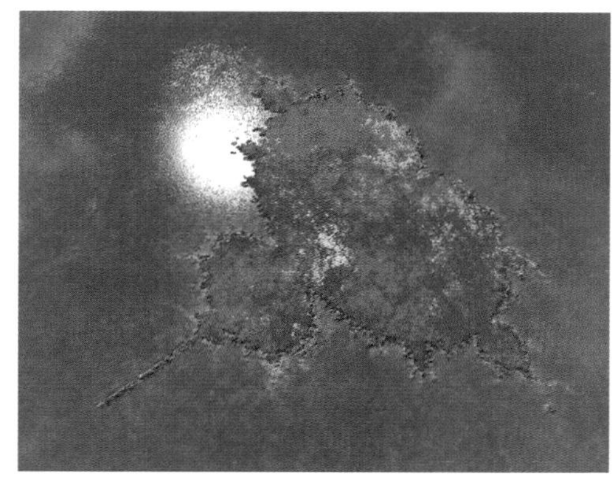

테라젠(terragen) 프랙탈 프로그램을 이용해 만든 섬의 풍경. ⓒ By Alexis Monnerot- Dumaine, 2006.

지만, 이제는 전통 시각을 가진 예술가들도 적극 받아들여 예술의 한 장르로 자리매김하고 있습니다.

가상 아트(Virtual Art)

가상 아트란 컴퓨터로 만들어 낸 가상 현실, 증강 현실, 혼합 현실 등을 창작에 이용하는 예술을 말합니다. 이는 애니메이션, 컴퓨터 게임, 컴퓨터 그래픽으로 제작된 작품들을 다양한 방법으로 표현하는 것으로 내용이 매우 다양하고 꼭 현실과 연관성이 있어야 하는 것도 아닙니다.

가상 아트를 알려면 가상 현실을 이해해야 하는데, 이는 어떤 특정한 환경을 컴퓨터로 만들어 그것을 사용하는 사람이 마치 실제 환경에 들어와 있는 것처럼 느끼게 해 주는 것입니다. 사용하는 사람은 가상 현실 안에서 상호 작용을 하며 현실에서 경험하지 못한 것을 경험하게 됩니다. 사람들이 직접 가 보거나 경험해 보지 않은 것을 사이버 공간 안에서 체험할 수 있기 때문에 가상 현실은 교육이나 원격 조작, 고급 프로그래밍, 원격 위성 표면 탐사 등에도 유용하게 쓰입니다.

증강 현실은 현실 세계에 3차원 가상 물체를 겹쳐서 보여 주어 정보를 보완하는 기술입니다. 쉽게 말해 스마트 폰으로 주변 상점을 검색할 때 위치와 전화번호, 심지어 내부 모습까지 보여 주며 사용자의 이해를 돕는 서비스를 떠올리면 됩니다. 이것은 현실 세계에 가상 세계를 합쳐 하나의 영상으로 보여 주기 때문에 혼합 현실이라고도 합니다. 앞서 말한 가상 현실이 컴퓨터 그래픽으로 재현된 가상 세계에 사용자를 몰입하게 하는 것이라면 증강 현실은 현실 세계에 여러 가지 정보와 그래픽을 첨가해 현실감을 높이는 것을 말합니다.

최근 화제가 됐던 영화 〈아바타〉의 한 장면도 가상 아트의 한 예가 될 수 있습니다. 이 영화를 보면서 사람들은 사이버 공간에서 사

용자 역할을 대신하는 분신 '아바타'에 쉽게 몰입했으며, 나중에는 주인공이 아예 현실 세계를 떠나 아바타로 살기로 작정하는 장면에 별다른 거부감 없이 공감할 수 있을 정도였습니다. 이 밖에도 스타크래프트 같은 인기 컴퓨터 게임이나 〈매트릭스〉〈터미네이터〉 등의 공상 과학영화도 현실 세계의 실물과 컴퓨터 그래픽을 합성해 표현한 가상 아트의 한 종류입니다. 사실 이제는 영화를 보면서 어느 부분이 실사이고 어느 부분이 합성된 그래픽인지 구분하기 어려울 만큼 가상 아트는 눈부신 속도로 발전하고 있습니다.

실제보다 더 실감 나는 가상 아트는 컴퓨터 그래픽의 발전만으로 이루어지는 것이 아닙니다. 인간의 모든 꿈과 상상을 현실감 있게 나타내려면 컴퓨터 상호 작용 기술 외에도 나노 기술, 정보 통신 기술 등 고도의 과학기술이 융합돼야 합니다. 이를 위해 몸에 착용하는 컴퓨터가 개발되고 실시간으로 뇌파를 감지, 분석하고 처리하는 최첨단 기술이 응용되고 있습니다. 이제는 시간과 공간을 뛰어넘어 인간이 상상하는 것들이 현실처럼 느껴지게 할 수 있을 뿐 아니라 점점 더 자연스러운 상호 작용까지 할 수 있습니다.

가상 아트는 과학의 토대 위에 꽃피운 예술의 극치로 인간의 창작 공간을 사이버 세계까지 확장시켰습니다. 앞으로 어떻게 발전할지는 상상조차 하기 힘들 정도입니다. 어디까지가 꿈이고 어디까지가 현실인지 모르는, 무엇이 예술이고 무엇이 현실인지 모르는 그런 예술을 체험할 날도 머지않은 것 같습니다.

인터랙티브 아트(Interactive Art)

정적·수동적으로 관람자가 감상하던 일반 예술과는 달리 인터랙티브 아트는 여러 종류의 매체를 통해 관람자와 상호 작용하는 능동적인 예술입니다. 관람자의 참여에 따라 예술 작품에 변화가 생기며 결과적으로 관람자에 따라 예술적 결과물, 즉 인터랙티브 아트 작품도

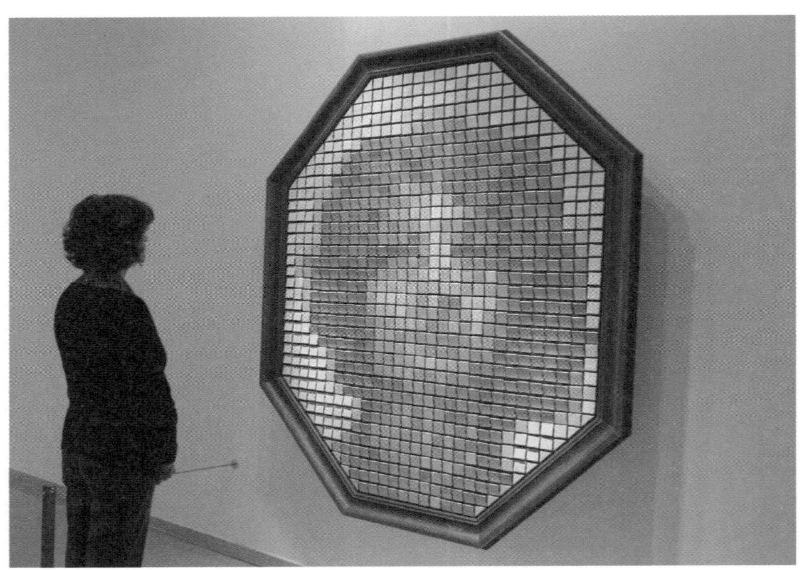

나무로 만든 거울 | 정사각형 모양의 나무 조각 830개로 구성된 거울로 비디오카메라, 컴퓨터, 서브모터를 이용해 나무 조각들을 움직여서 거울 앞에 서 있는 사람의 모습을 반영한다. 인터랙티브 아티스트 다니엘 로진은 이 원리를 이용해 2001년 뉴욕 거리에서 수집한 500개의 쓰레기 조각으로 쓰레기 거울도 만들었다. 다니엘 로진(Daniel Rozin), 1999, 170×203센티미터, 깊이 25센티미터. ⓒ 다니엘 로진, 1999.

달라집니다. 다양한 매체를 이용하는 인터랙티브 아트는 인터랙티브 음악, 인터랙티브 춤, 인터랙티브 드라마, 설치 미술, 인터랙티브 건축, 인터랙티브 영화 등 여러 종류가 있습니다.

인터랙티브 아트는 상호 작용을 위해 여러 가지 도구를 이용하며, 심지어 예술가가 예술 작품의 한 부분이 되기도 합니다. 1990년대에 들어서면서 컴퓨터와 열, 움직임, 광선에 반응하는 여러 종류의 센서를 이용해 좀 더 다양하고 능동적인 인터랙티브 아트가 생겨났습니다. 컴퓨터의 활용으로 다양한 인터랙티브 작품이 탄생되었고, 더 많은 박물관이나 전시장에서 인터랙티브 아트를 만날 수 있었습니다. 인터랙티브 아트는 관객이 작품과 대화하고 만지며 감상하는 참가 예술로서 누군가와 교제하며 같은 것을 공유하고 싶어 하는 현대인의 욕구를 충족시켜 줍니다. 요즘에는 인터넷과 멀티미디어로 상호 작용을 극대화하는 작품들이 나타나며 주제나 표현 방법도 다양해지고 있습니다.

이런 인터랙티브 아트를 포함한 다양한 디지털 아트의 전시회와 대회가 전 세계에서 열리는데, 그중에서는 프리 아르스 일렉트로니카(Prix Ars Electronica), 시그라프(SIGGRAPH) 등의 명성이 높습니다.

요즘에는 박물관에서도 단순한 전시에 그치지 않고 관람객이 더 적극적으로 예술에 관심을 가지고 참여할 수 있도록 인터랙티브 아트 작가들에게 교육용 인터랙티브 프로그램과 예술 작품을 만들도록 권

SoniColumn | LED로 구성된 원통의 격자 기둥 표면에 손을 대면 독특한 소리가 나는 작품이다. 작품을 만지면 각 부분의 독특한 소리를 들을 수 있고, 옆에 놓인 손잡이를 돌리면 뮤직 박스처럼 돌아가면서 관람객이 손댄 곳의 LED가 빛의 쇼를 연출한다. 목진요, 2006. ⓒ목진요, 2006.

장하고 있습니다. 또한 전시장 안뿐만 아니라 박물관 입구나 바깥벽 등에도 인터랙티브 아트 작품을 통합시켜 관람객과 좀 더 가까워지기 위해 노력하고 있습니다.

그런데 이러한 인터랙티브 아트 작품은 전통 예술과는 달리 대부분 비영구적이어서 보존하는 데 어려움이 있으며, 작품 설치 비용이 비싸고 기술적인 정확도가 필요하다는 단점이 있습니다.

인터넷 아트(Internet Art)

인터넷 아트란 인터넷으로 배포하는 다양한 종류의 디지털 아트를 말하며 '넷 아트'라고도 불립니다. 넷 아트라는 이름에 대해서 재미있는 이야기가 전해지고 있습니다. 슬로베니아에서 태어난 예술가 뷕 코식이 자신에게 온 익명의 이메일을 열었는데, 문자가 깨져서 읽을 수 없었다고 합니다. 다만 유일하게 읽을 수 있는 용어가 넷 닷 아트(net.
art)였고, 그 이후 인터넷에서 오가는 아트를 넷 아트라 부르게 되었다
는 것입니다.

그런데 갤러리나 박물관 소장 그림을 인터넷에 올렸다고 해서 넷 아
트라고 하지는 않습니다. 인터넷 아트는 인터넷 네트워크, 이메일, 웹
사이트, 인터넷으로 연결된 음악, 영상, 라디오, 설치 미술 등 다양한
종류의 매체를 이용해 만드는 작품으로 실시간으로 새로운 형태의
작품을 만들고 공유할 수 있어야 합니다. 예를 들어 간단히 글자나
숫자만 이용해 그림을 그리고 그 모양을 실시간으로 변화시키는 것이
있을 수 있습니다. 또한 다양한 인터넷 웹 사이트에서 글자, 그림, 영
상을 가져와 조합해 새로운 형태의 예술 작품으로 표현하는 것도 이
에 해당됩니다. 즉, 형태의 제한 없이 웹상에서만 존재하는 예술품을
넷 아트라 합니다. 인터넷 아트는 사이버 시대의 예술 형태로 전통 예
술과의 융합뿐만 아니라 새롭고 다양한 영역의 예술 분야로 진화하고
있습니다. 특히 인터넷 기술이 발달하면서 제작 방법과 표현 기법도
빠른 속도로 발달하고 그 종류도 다양해지고 있습니다.

이에 따라 박물관이나 갤러리에 가지 않아도 예술품을 감상할 수
있을 뿐만 아니라 인터랙티브 아트와 같이 많은 사람들이 적극적으
로 예술품 창작에 참여할 수 있고 다른 사람들과 실시간으로 공유도
할 수 있게 되었습니다. 인터넷의 보급으로 이제는 관객이 갤러리나

박물관을 직접 찾아가지 않아도 언제 어디서나 작가가 관람자와 함께 하고, 관람자의 적극적인 참여로 예술품 자체가 새로운 모습으로 변한다는 점이 가장 큰 특징입니다.

미국 국립 미술관에서는 어린이들을 위한 다양한 종류의 인터랙티브 인터넷 아트 프로그램을 제공하고 있습니다. 그 가운데 '초상화와 풍경화'라는 프로그램이 있는데, 미술관이 소장하고 있는 100여 개의 미술 작품을 이용해 새로운 초상화나 풍경화를 온라인으로 그리게 하는 인터랙티브 인터넷 아트 프로그램입니다. 어린이들은 미술관에 소장되어 있는 작품을 바탕으로 자기가 원하는 초상화를 그릴 수 있습니다. 초상화 모델의 표정, 머리 모양, 장식품뿐만 아니라 실내 장식도 자기가 원하는 대로 바꿔 가며 독창적으로 작품을 만들 수 있습니다. 또한 전시된 풍경화를 통해서는 풍경화의 기본 원리를 알려 주는 한편 18~19세기의 미국 농촌 모습도 소개합니다. 또한 음악과 애니메이션을 이용해 풍경화의 구도, 구성, 규모, 색상, 원근법 등을 실험해 보고 이해하도록 격려합니다. 이 밖에도 사진 기술과 편집을 가르쳐 주는 가상 디지털카메라 프로그램, 다양한 추상화를 그리는 프로그램, 콜라주, 페인팅 프로그램 등으로 어린이 예술가를 육성하고 있습니다.

5 가장 작은 예술 세계
- 나노 아트

최근 여러 분야에서 예술과 과학기술이 결합된 작품이 쏟아져 예술 영역을 확장시키고 있습니다. 그중 사이아트(SciArt)는 과학의 결과물에 예술적 가치를 부가하는 작업으로 다양한 과학 사진 전시회를 통해 일반에게도 친숙해지고 있습니다. 사이아트의 한 형태인 나노 아트는 크게 두 가지로 나눌 수 있습니다.

첫 번째는 실험실에서 관찰되는 원자, 분자 단위의 아주 미세한 크기의 이미지가 지닌 미적 가치를 발견하는 작업입니다. 두 번째는 자연물이나 인공물을 여러 가지 방식을 사용해 창조하는 것으로 미세 세계에서의 조각이나 조형물 만들기 등이 있습니다. 이런 의미에서 나노 아트는 고난도의 조작으로 탄생된 미세 작품을 뜻하기도 합니다.

앞서 살펴본 회화나 사진이 모두 빛이 필요한 예술인 데 반해 나노 아트는 빛이 아닌 전자 빔이나 이온 빔 등을 이용한다는 특징이 있습니다. 광학 현미경은 물질을 통과한 빛이 대물렌즈에 의해 확대된 실제 모양을 관찰하는 것이지만 전자현미경은 전자 빔을 이용해 물체 이미지를 확대하기 때문에 빛이 필요하지 않습니다.

나노 아트의 창작 공간은 실험실의 전자현미경이나 원자 현미경* 속의 미세 공간입니다. 전자현미경은 전자 빔 파장이 가시광선 파장의 10만분의 1 이하로 조절돼 원자 단위의 관찰을 할 수 있습니다. 따라서 마이크로미터나 나노미터 크기의 아주 작은 물질을 관찰할 수 있습니다. 나노 아트는 분해능*이 적어도 나노미터 수준인 전자현미경, 원자 현미경 등을 이용해 미세 물질의 특징을 강조한 이미지를 기록해 눈으로 볼 수 있는 크기로 확대해서 보여 줍니다.

과학자들은 전자현미경이나 원자 현미경 덕분에 물질의 여러 가지 물리적·기계적·전기적 특성을 간편하게 분석할 수 있습니다. 이전에는 원자를 볼 수도 없었는데 이제는 몇 개의 층으로 이뤄졌는지 볼 수 있을 뿐 아니라 더 나아가 얼마나 균일한지, 또 어떤 결정 방향으로 배열되어 있는지도 관찰할 수 있게 됐으니 정말 놀라운 발전입니다. 또한 나노 물질을 물리적으로 누르고 당기면 원자 단위의 변화가 일어나는데, 이로 인해 나노 물질의 특성이 어떻게 변하는지를 원자 현미경으로 관찰할 수 있게 되었습니다. 물질의 특성을 직접 살필 수 있다는 것은 놀라운 과학적 진보입니다. 신소재의 특성을 알면 알수록 잘 활용할 수 있으므로 이런 현미경들은 나노 과학기술의 발전을 위해 꼭 필요한 기구라고 할 수 있습니다.

미시 세계 속의 원자를 눈으로 확인하는 길이 열림으로써 오직 '보는 것이 믿는 것'인 과학의 세계에서 실험을 직접 증명할 수 있는 중요한 수단이 되었습니다. 뿐만 아니라 이 과정에서 포착된 아름다운 미세 세계 속 이미지는 새로운 예술 영역으로서의 가능성도 보여 줍니다. 과학의 결과물에 예술적 가치를 부가하는 이 새로운 작업은 과학자들 사이에서도 권장되고 있으며, 더 아름다운 이미지를 모으기 위해 해마다 전자 빔 이온 빔 광학기술학회, 현미경학과 분석학회, 재료학회 등 여러 과학 학술회의에서 공모전을 열고 있습니다.

자, 그러면 지금부터 다양하고 멋진 나노 아트를 하나하나 감상해 보겠습니다. 나노 아트라는 낯선 분야의 작품을 제대로 감상하려면 기술적인 부분도 이해할 필요가 있을 듯해서 작품 소개와 함께 설명도 곁들였습니다. 하지만 기술적인 부분이 이해되지 않는다 해도 상관없습니다. 중요한 점은 창작의 재료와 상상력에는 끝이 없다는 점을 이해하는 것이고, 다음 작품들을 즐기면서 더 큰 상상의 나래를 펴는 것입니다.

과학이 창조한, 세상에서 가장 작은 예술 작품

고흐의 대표작 〈별이 빛나는 밤〉은 그가 자신의 귀를 자른 뒤에 프랑스 남부의 생레미 요양원에 있을 때 그린 작품입니다. 고흐가 그린 밤하늘에는 달빛과 별빛이 구름 속에 소용돌이치듯 빛납니다. 회오리치듯 꿈틀대는 붓놀림은 강렬한 색과 결합돼 더욱 격렬해 보입니다. 화가가 제 발로 들어간 정신병원의 창문을 통해 내다본 밤 풍경은 에너지와 정열이 넘쳐흐릅니다.

〈나노 별이 빛나는 밤〉은 집속 이온 빔을 사용해 완성됐습니다. 먼저 원작을 카메라로 찍어 디지털 형태로 저장합니다. 이렇게 디지털화한 다음 어도비 포토샵 같은 영상 처리 프로그램으로 원작의 색채 정보를 흑백으로 바꿉니다. 그리고 이 파일을 집속 이온 빔 장비 컴퓨터 시스템에 입력한 뒤 실리콘 기판 위에 이온 빔으로 원작을 재현하는 것입니다. 고흐의 운동감 있는 화필과 꿈틀거리는 듯한 선의 표현이 이온 빔의 빠른 움직임을 통해 원작대로 표현된 것을 감상할 수 있습니다. 실리콘 기판 위에 이온 빔으로 판화처럼 새긴 이 작품의 크기는 가로 12, 세로 15마이크로미터입니다. 이는 적혈구 몇 개 정도의 크기로 너무 작아서 맨눈으로는 보이지 않습니다. 이 작품은 주사 전자현미경으로 확대해 이미지를 기록한 것입니다.

〈아메리칸 고딕〉은 미국 지역주의 운동의 선구자 그랜트 우드(Grant Wood, 1891~1942)의 대표작으로 소박한 화풍을 자랑합니다. 그랜트

별이 빛나는 밤 | 빈센트 반 고흐, 1889, 캔버스에 유채, 73.7×92.1센티미터, 뉴욕 근대 미술관.

나노 별이 빛나는 밤 | 2008, 12×15마이크로미터.
ⓒ 텍사스 주립대학교 Science & Beyond 연구실.

아메리칸 고딕 | 그랜트 우드, 1930, 비버보드에 유채, 74.5×62.5센티미터, 미국 시카고 미술관.

나노 아메리칸 고딕 | 2008, 14×12마이크로미터. © 텍사스 주립대학교 Science & Beyond 연구실.

우드는 당시 유럽 근대 미술의 추상화 경향에 반대하며 농촌의 소박한 모습을 화폭에 옮겼습니다. 단순해 보이는 고딕 양식의 농가를 배경으로 서 있는 남녀의 엄숙한 표정이 무척 사실적입니다. 흔히 이 두 사람을 부부로 오해하는데, 사실은 시골 농부와 딸의 모습입니다.

〈나노 아메리칸 고딕〉은 〈나노 별이 빛나는 밤〉처럼 집속 이온 빔을 이용해 제작됐습니다. 예술가들이 마음에 드는 작품을 완성하기까지 몇 번의 실패를 경험하듯 원본과 가까운 나노 아트를 만들기 위해서는 몇 번씩 반복해서 작업을 하기도 합니다. 특히 집속 이온 빔을 조작하는 감각과 기술이 중요한데, 이온 빔의 크기와 강도를 조절해 원작과 최대한 가깝게 실리콘 기판 위에 새기려면 높은 수준의 기술을 필요로 합니다. 명암이 짙을수록 이온 빔으로 기판을 더 깊이 파내야 하며, 반대로 흰색에 가까울수록 아주 얇게 모양을 새깁니다. 이 작업은 미술 시간에 조각칼로 판화를 만들거나 레이저 빔으로 철판에 글자나 무늬를 새기는 것과 비슷합니다. 농부의 고집스러움이 묻어나는 꼭 다문 입술과 마른 얼굴의 주름살을 표현하기 위해서는 이온 빔의 강도를 조절해 잔주름은 얇게 파고 굵은 주름은 깊게 파야 합니다. 이온 빔으로 미세한 표정 주름을 표현하는 작업은 매우 어려워서 고도의 집중력과 훈련된 기술이 필요합니다. 그랜트 우드의 작품을 재현한 이 나노 아트의 크기는 가로 14, 세로 12마이크로미터로 폭이 사람 머리카락 굵기의 10분의 1 정도입니다. 그러니 농부가 들고 있는 삼지창의 가운데 갈퀴는 100나노미터 정도로 매우 미세합니다.

다음 작품은 마티스의 〈이카로스〉입니다. 피카소와 함께 20세기 최고의 화가로 불리는 프랑스의 앙리 마티스(Henri Matisse, 1869~1954)는 표현주의 화가입니다. 야수주의의 대가인 앙리 마티스는 과격하고도 강렬한 색채 표현으로 평론가들을 당혹스럽게 했습니다. 이카로스는 그리스 신화에 나오는 발명가 다이달로스가 미노스 왕의 여종에게서 낳은 아들입니다. 나중에 왕의 미움을 사서 크레타 섬의 미궁에

갇힌 다이달로스는 새의 깃털과 밀랍으로 날개를 만들어 이카로스와 함께 미궁에서 탈출하는 데 성공합니다. 하늘을 날게 된 이카로스는 너무 신기한 나머지 높이 날지 말라는 아버지의 경고를 잊은 채 태양 가까이 날아올랐고, 결국 날개를 붙인 밀랍이 녹으면서 에게 해에 떨어져 죽고 말았습니다. 앙리 마티스의 〈이카로스〉는 미지의 세계에 대한 인간의 동경을 표현한 작품으로 검은 가슴에 동경을 상징하는 붉은 심장이 뛰고 있습니다. 노란색 별 무늬는 날개의 깃털을 상징합니다.

원작이 복잡하고 섬세하며 색채의 변화가 많을수록 나노 아트로 재현된 작품의 해상도는 떨어집니다. 그런데 〈나노 이카로스〉는 비교적 단순한 색채와 모양이어서 재현하기가 쉬운 편에 속합니다. 조금은 단순해 보이는 나노 아트에 특징을 더하기 위해 평면적인 원작에 입체감을 주었고, 원작의 하이라이트인 이카로스의 심장과 별을 더욱 깊이 파냈습니다.

그렇다면 과학자들은 왜 실험실에서 이런 나노 아트를 만들까요? 바로 집속 이온 빔 같은 나노 장비의 기본 원리를 이해하고 잘 다루기 위해서입니다. 실험실에서 나노 아트의 세계에 푹 빠져 작업을 하노라면 과학 기구를 더욱 잘 다룰 수 있게 됩니다. 명화처럼 익숙한 작품을 통해 새로운 과학기술을 익히면 더 재미있을 뿐만 아니라 이를 응용해서 더욱 새로운 것을 만들어 보겠다는 창작 욕구도 생겨난

이카로스 | 앙리 마티스, 1946, 소묘,
43.4×34.1센티미터, 조르주 퐁피두센터.

나노 이카로스 | 2008, 14×12마이크로미터.
© 텍사스 주립대학교 Science & Beyond 연구실.

다고 합니다.

나노 아트를 처음 본 사람은 아마도 그 미세한 크기에 놀랄 것입니다. 만약 프랑스 루브르 박물관에 소장된 명화들을 모두 나노 크기로 만들어 전시한다면 얼마만 한 갤러리가 필요할까요? 놀랍게도 손바닥 크기의 갤러리만 있으면 된답니다.

나노 아트! 얼마나 작은 크기인지 이제 상상이 되나요?

01 이 작품은 아주 굵은 다중 벽 탄소 나노 튜브와 이를 감싸고 있는 옷감이 어우러진 모양을 주사 전자현미경으로 본 이미지입니다. 탄소 나노 튜브 표면에 세로 방향으로 난 결과 옷감의 미세한 실가닥을 감상할 수 있습니다. 이 작품은 의도적으로 만든 것이 아니라 과학자가 현미경을 통해 탄소 나노 튜브를 조작하다가 우연히 얻은 결과입니다. 탄소 나노 튜브에도 종류가 많은데, 그중 다중 벽 탄소 나노 튜브를 감싸듯 스쳐 지나가는 모습의 주인공은 실험 중에 달라붙은 천입니다.

02 주사 전자현미경으로 본 비결정질 탄소막의 모습입니다. 여러 겹의 탄소막이 우연히 비구름을 이루고 있습니다. 가운데 보이는 까만 점은 지름이 50나노미터 정도 되는 나노 입자입니다. 저 나노 비구름 너머로도 무지개가 뜰까요? 사진작가들이 아름다운 자연을 예술 사진으로 남기듯 과학자들도 현미경을 통해 미세 세계의 아름다움을 포착합니다. 전혀 다른 행위처럼 보이지만 관람자들의 마음에 감동을 준다는 공통점이 있습니다.

03 나노 조작기로 흑연에서 그래핀* 막을 떼어 내는 장면입니다. 흑연 표면을 셀로판테이프로 떼어 내면 꿈의 소재로 알려진 그래핀을 얻을 수 있습니다. 영국 맨체스터 대학의 안드레 가임(Andre Geim)과 콘스탄틴 노보셀로프(Konstantin Novoselov)는 이것으로 나노 전자 소자를 만들어 차세대 고밀도 초성능 반도체 소자의 가능성을 보여 준 공로를 인정받아 2010년 노벨 물리학상을 받았습니다.

그런데 셀로판테이프로 그래핀을 떼어 내면

그래핀 *

Graphene

탄소 나노 튜브는 자연 상태의 물질이 아니라 사람이 인위적으로 만든 신소재이다. 탄소 원자 6개가 모여 육각형이 되고 여러 개의 육각형이 모여 얇은 벌집 모양의 면을 이루는데, 이것을 그래핀이라고 한다.

셀로판테이프의 잔여물이 그래핀 표면에 남기 때문에 그래핀 위에 만든 전자 소자의 성능을 떨어뜨립니다. 이 장면은 나노 조작기를 이용해 오염 없이 그래핀을 떼어 내는 모습입니다. 이때 사용한 나노 조작기의 탐침 크기는 수십 나노미터입니다.

04 과학자들이 흑연에서 그래핀 시트를 만들기 위해 실험하다가 본 협곡의 모습입니다. 장대한 그랜드캐니언이 떠오르지 않나요? 위에서 이온 빔이 내려와 흑연을 파내기 시작하는데, 흑연의 미세 구조에 따라 파이는 정도가 달라 깊은 협곡처럼 보입니다. 이미지의 폭은 사람 머리카락 굵기의 10분의 1 정도입니다.

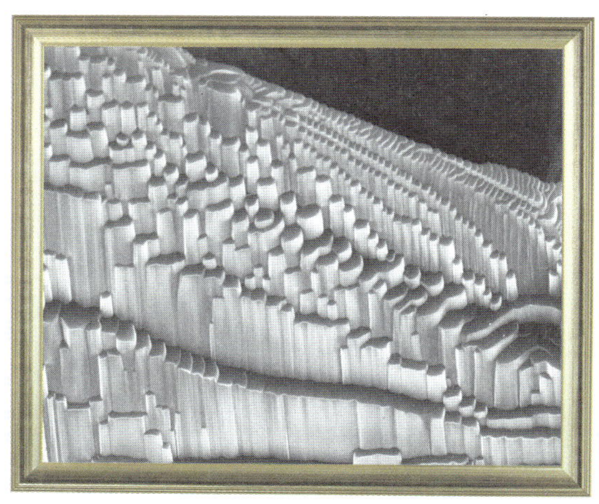

04 탄소 나노 협곡 | 2009. © 텍사스 주립대학교 Science & Beyond 연구실.

05 집속 이온 빔으로 얇은 흑연 판을 쏴서 타 들어가듯 가늘어진 흑연 판의 모습을 포착한 작품입니다. 30킬로볼트 고속 전압의 이온 빔을 위에서 쏴 탄소 층을 파고 들어가면 남은 탄소 층들이 동굴에서 위로 자라는 고드름 같은 모습을 하게 됩니다. 고드름처럼 생긴 탄소봉 하나의 지름은 50~100나노미터 정도입니다. 〈하늘을 향한 고드름〉은 탄소 층의 모습을 주사 전자현미경으로 기록한 것입니다.

06 〈주름〉은 용처럼 꿈틀거리는 주름의 규칙적이면서도 생동감 넘치는 운동력을 느낄 수 있는 작품입니다. 마이크로 유체 혼합기를 만들기 위해 실험하던 중 포착된 이미지입니다. 마이크로 유체 혼합기는 두 개 이상의 용액을 잘 섞이게 하는 장치로 의학 진단용, 신약 개발 등에 쓰입니다. 강물이 평평한 강바닥보다 울퉁불퉁한 바닥을 지날 때 소용돌이가 많이 일어나는 것처럼 젓지 않아도 액체가 잘 섞이도록 하는 장치로, 간편하게 가지고 다니는 진단 장비를 만드는 데 꼭 필요합니다.

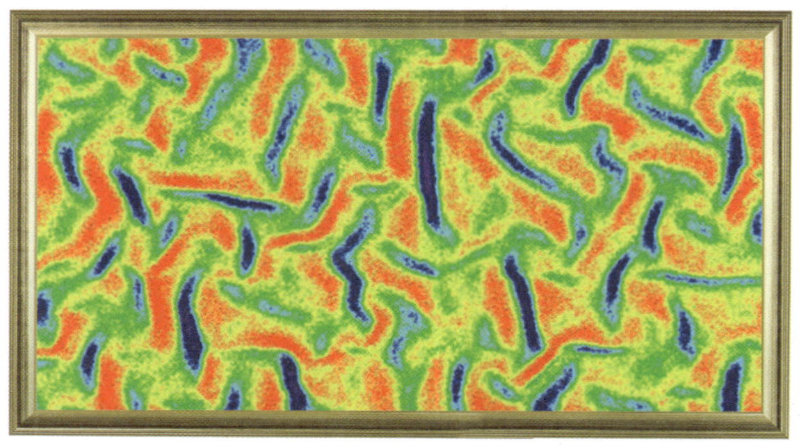

07   앞서 만든 주름을 분석하기 위해 높낮이를 색으로 표현하는 도중 생긴 작품입니다. 파란색에서 빨간색, 초록색으로 갈수록 주름의 높이가 낮아집니다. 이렇게 주름 높이를 색깔로 표시하자 색색의 나노 애벌레가 기어가는 듯한 모습이 나왔습니다. 이온 빔을 어떤 조건으로 쏘느냐에 따라 주름의 유형이 달라지는데, 꿈틀대던 용 모양이 애벌레처럼 보이는 것이 재미있습니다.

08 〈나노 태극기〉는 3차원 입체 구조물로 만든, 세상에서 가장 작은 태극기입니다. 수백 나노미터 두께의 아주 얇은 실리콘 기판에 집속 이온 빔으로 태극기 문양을 새깁니다. 약 50나노미터의 크기로 건·곤·감·리를 새겨 넣은 뒤 이온 빔으로 가로 5마이크로미터, 세로 3마이크로미터로 오려 내듯이 자릅니다. 나노 태극기의 크기는 적혈구 정도로 작기 때문에 태극기를 깃대에 맬 때도 나노 조작기를 사용해야 합니다. 이렇게 완성된 태극기는 3차원 입체 구조물로서 실제로 어디에든 게양할 수 있습니다. 나노 태극기의 폭은 5마이크로미터 정도로 사람 머리카락 굵기의 20분의 1 정도입니다.

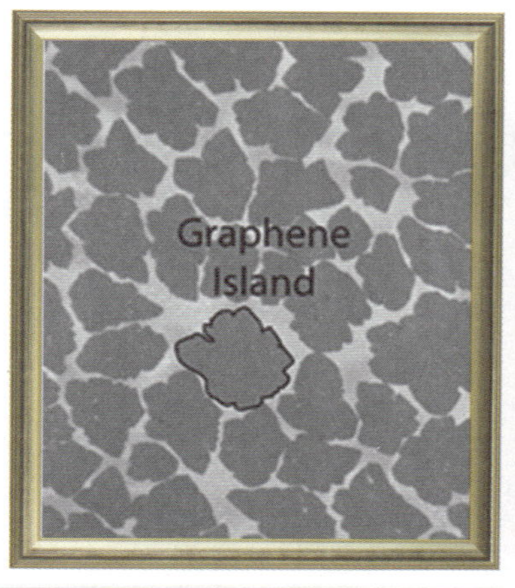

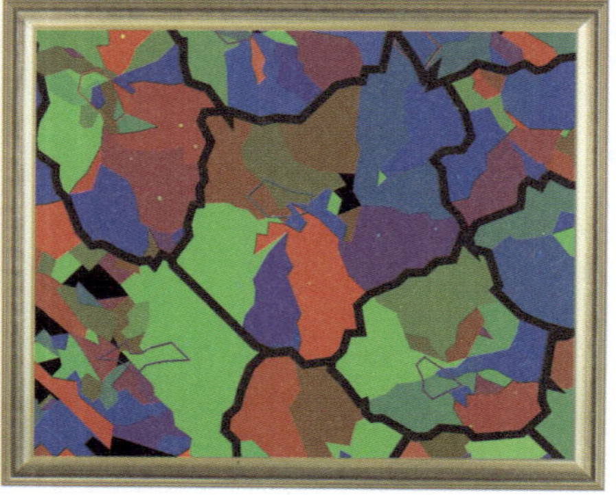

09 꿈의 소재 그래핀이 성장하는 모습을 전자현미경으로 관찰한 것입니다. 셀로판테이프를 이용해 흑연에서 떼어 낸 그래핀은 실험용으로는 쓰이지만 실용성은 없습니다. 그래서 산업에 필요한 커다란 크기의 그래핀 시트를 만들기 위해서는 화학 기상 증착 방법을 쓰는데, 이는 탄소를 포함한 원료 가스를 뿌려 구리 기판에 얇은 그래핀막을 성장시키는 것입니다.

〈나노 연잎〉은 그래핀의 초기 성장 모습을 관찰하면서 얻은 아름다운 이미지로 마치 연못에 연잎이 떠 있는 모습을 떠올리게 합니다. 곳곳에서 그래핀이 자라기 시작해 연잎 모양으로 커지며 섬을 이루고,

이렇게 자란 그래핀 섬들이 합쳐지면 09- 2 작품처럼 누비이불 모양
이 됩니다. 〈그래핀 퀼트〉는 그래핀 섬들이 각각 다른 방향으로 성장
했음을 여러 가지 색깔로 보여 주는 작품입니다.

10 이 작품은 주사 전자현미경으로 본 갈라진 흑연 표면입니다.
그래핀을 떼어낸 뒤 버려진 흑연이 쓸쓸한 황무지처럼 보입니다.

part 02

건축, 과학으로 예술을 꽃피우다

1 건축과 과학이 만나다

건축이란 집이나 성, 다리 등의 구조물을 목적에 따라 설계해 흙이나 나무, 돌, 벽돌, 쇠 등을 써서 세우거나 쌓아 만드는 일입니다. 건축은 사람들이 사용하기 위한 기능적 요소를 갖췄을 뿐만 아니라 과학적·예술적 요소가 결합된 응용 예술입니다. 건축가는 수학과 의학, 천문학, 기하학, 역사와 음악 그리고 철학도 이해해야 한다는 말이 있습니다. 그런 만큼 건축은 실용 기술인 동시에 공간을 형성하는 예술이며 시대의 상징입니다. 지금부터 인류 문명과 함께 발전해 온 건축의 여러 가지 세계 기록을 살펴보면서 건축과 과학이 어떻게 만나 왔고, 또 어떤 영향을 주고받았는지 알아보겠습니다.

신석기 시대의 컴퓨터 - 스톤헨지

고인돌, 선돌 등의 거석 기념물은 인간이 정착 생활을 시작했음을 보여 주는 원시 농경 문화의 건축 형태입니다. 수 톤에서 수백 톤에 이르는 거대한 돌을 세워 놓은 선돌이나 그 위에 돌을 올려 연결한 것 등이 있는데, 그중 영국 솔즈베리 평원에 있는 스톤헨지가 가장 유명합니다. 두 개의 돌기둥 위에 놓인 거대한 석판을 보면 그렇게 커다란 돌을 어떻게 운반해 올렸는지 궁금해집니다. 이런 거석 건축물은 유럽 전 지역에 흩어져 있는데, 그중에서도 스톤헨지에 '신석기 시대의 컴퓨터'라고 불릴 만큼 놀라운 과학적 비밀이 숨어 있습니다.

단순하게 배치된 것처럼 보이는 이 돌무더기 안에는 천문학의 기본 요소가 들어 있다고 합니다. 자세히 들여다보면 나침반 모양으로 자리하고 있는데, 각각의 돌은 해가 뜨고 지고 달이 차고 기우는 천체의 운행에 따라 배치되어 있습니다. 그래서 역사가들은 스톤헨지가

석기 시대의 놀라운 거석 기념물 스톤헨지. ⓒ Bernard Gagnon.

천체를 관측하는 곳이었거나 태양 신앙과 관련된 제사 의식에 사용됐을 것으로 추측합니다.

스톤헨지는 문명이 싹트려 할 때 이미 인간이 예술과 과학의 개념을 알고 있었음을 보여 주는 놀라운 건축물이기 때문에 건축과 과학의 만남을 찾아가는 우리의 여정에서 첫 번째로 소개하는 데 손색이 없습니다. 이처럼 우주와 신에 대한 인간의 생각을 보여 주는 건축물은 각 시대마다 다양한 신전 형태로 나타납니다. 천문학에 대한 인간의 이해는 건축에 그대로 반영됐고, 천문학과 건축은 수천 년 동안 서로 영향을 주고받았습니다.

세계 최초의 도시 메소포타미아

세계 최초의 도시는 언제, 어디에서 생겨났을까요? 기원전 3500년경 메소포타미아에 성벽으로 둘러싸인 최초의 도시가 세워졌습니다. 당시 이곳에서는 문자는 물론 계산, 천문학이 발달했고 사람들은 상당히 발전된 형태의 도시를 이루고 살았습니다. 이곳에는 지구라트(Ziggurat)라는 사다리꼴 모양의 건축물이 있었는데, 이는 하늘에 있는 신과 지상을 연결하기 위한 것이었습니다. 성탑 또는 단탑이라고 하는 이 탑은 사각형의 테라스를 겹쳐 여러 층에 이르게 했고 맨 꼭대기에 직사각형의 신전을 모셨습니다. 고고학자들은 성경에 나오는 바벨탑이 지구라트처럼 생겼을 것으로 추측하기도 합니다.

거대한 도시에는 많은 사람들이 저마다 일을 하며 살았고, 그중에는 대리석, 부싯돌, 석화, 석고 같은 재료로 건축물을 치장하는 사람들도 있었습니다. 큰 도시에는 흑요석을 사고파는 사람들도 있었습니다. 흑요석은 광택이 있는 검은 돌로 흔히 바둑돌의 재료로 쓰입니다. 사람들은 규산이 풍부한 유리질의 화산암인 흑요석을 날카롭게 만들어 도구로 사용했는데, 웬만한 철기 못지않게 날카로웠다고 합니다. 안타깝게도 메소포타미아의 잘나가던 건축물들은 흙으로 만들어져서 모두 무너지고 말았지만 그들의 탁월한 건축술은 이집트로 전해졌습니다.

예술적·과학적 능력의 상징 피라미드

그렇다면 세계에서 가장 오래된 석조물은 무엇일까요? 바로 기원전 2650년경에 만들어진 사카라의 계단식 피라미드입니다. 사카라를 설계한 사람으로 알려진 임호테프(Imhotep, B.C. 2650년경~B.C. 2600년경)는 고대 이집트 제3왕조 조세르 왕의 재상이었습니다. 그는 계단형 피라미드의 건축을 맡은 사람으로서 역사에 이름이 기록된 최초의 건축가이며, 후대에 학문과 의학의 신으로 추앙받았습니다. 고대 이집트 왕들의 묘로 건설된 피라미드는 지금도 기하학적인 미의 상징이자 풀리지 않는 수수께끼로 남아 있습니다.

세계 7대 불가사의 중 하나로 꼽히는 이집트 피라미드의 축조법은 아직도 밝혀지지 않았습니다. 학자들은 이집트 사람들이 거대한 피라미드를 만들 수 있었던 것은 그전에 수로를 건설했던 경험이 있었기 때문이라고 추측합니다. 피라미드는 대부분 나일 강 서쪽 사막에 흩어져 발견됐는데, 그중에는 높이가 최고 145미터에 이르고 수 톤 무게의 석재 200만 개가 넘게 쌓인 것도 있습니다. 도대체 어디에서 이 많은 돌을 캐서 어떻게 운반했는지 놀랍기만 합니다.

피라미드가 경이로운 것은 규모 때문만이 아니라 정확성 때문입니다. 어떻게 이 무거운 돌을 자로 재듯 정확히 자를 수 있었을까요? 피라미드는 완벽한 정사각형 모양으로 오차 없이 정확히 동서남북을 가리키고 있습니다. 피라미드의 중심부는 경사면과 함께 올라가며 여러 개의 방과 통로로 연결돼 있습니다. 피라미드의 겉면은 반사 물질이 덮고 있어 빛을 받으면 멀리서도 알아볼 수 있을 만큼 찬란하게

이집트의 피라미드. © Ricardo Liberato.

빛이 납니다.

뿐만 아니라 신전 안쪽은 특정한 날짜에 햇볕이 들어옵니다. 이집트 사람들의 광범위한 천문학 지식을 엿볼 수 있는 부분입니다. 이처럼 피라미드는 이집트인들의 예술적 능력의 상징인 동시에 과학적 능력을 보여 주는 건축물입니다.

콘크리트로 건축 혁명을 일으킨 로마 사람들

로마는 이탈리아 반도 중앙부에서 도시국가로 탄생한 뒤 대제국을 이루었습니다. 역사상 유례없이 아주 오랜 세월 동안 대제국을 건설하고 유지·발전할 수 있었던 것은 바로 로마의 포장도로 덕분이었습니다. '모든 길은 로마로 통한다.'는 말이 생길 정도로 로마는 포장도로를 따라 더욱 확장되었습니다. 로마 전 지역은 5만 마일(약 8만 킬로미터)에 해당하는 도로를 통해 선진 문명과 필요한 물자를 공급받았습니다. 또한 이 도로를 따라 로마 군단이 재빨리 이동하면서 제국의 패권을 넓혀 나갔습니다. 로마의 도로는 로마에 세계적 영향력과 경제적 번영을 선사했으며 로마가 멸망한 지 1,000년이 지난 지금까지도 남아 있습니다.

건축사에서 로마 사람들이 이룬 업적은 지대한데, 그중에서도 가장 큰 공헌을 들자면 최초로 콘크리트를 개발했다는 점입니다. 콘크리트

최초의 포장도로 아피아 가도(Via Appia)│
수도 로마에서 이탈리아 남부까지 연결된 도로로
오늘날에도 남아 있다. ⓒ Kleuske.

는 기원전 3세기 후반에 발명돼 기원전 1세기경 로마에서 널리 쓰였습니다. 로마 사람들은 생석회에 화산재와 경석을 섞어 콘크리트를 만들었습니다. 또 콘크리트에 금이 가는 것을 막기 위해 말총을 섞어 콘크리트를 단단하게 만들었고, 서리에 견디게 하기 위해 피를 섞어 사용했습니다. 콘크리트를 사용하면서 이전의 벽돌이나 대리석 소재의 건축물에서 벗어나 더욱 크고 복잡한 건축물을 자유롭게 설계할 수 있게 되었고, 이로써 로마는 건축 혁명을 이루었습니다. 돔 형태의 거대한 지붕 구조물이 생겨났으며 빨리 굳는 특성 덕분에 건축 기간을 크게 줄일 수 있었습니다.

로마의 대표 건축물로는 건축사 불후의 명작이라 불리는 판테온이 있습니다. '세상의 모든 신을 모신 곳'이라는 뜻의 이 신전은 수세기 동안 가장 큰 돔으로 위용을 떨쳤습니다. 90퍼센트 이상이 콘크리트로 이루어진 판테온은 창문이 없고 채광을 위해 돔 정상에 지름 9미터의 천창이 있습니다. 거대한 외형은 아무 장식 없이 간소하지만 내

로마 제국의 영광을 보여 주는 판테온. © Anthony M.

부 공간은 아름답습니다. 로마의 놀라운 토목 기술을 보여 주는 판테온은 르네상스 시대에 고분으로 사용돼 유명한 화가 라파엘로를 비롯한 이탈리아의 여러 왕이 묻혔으며, 현재는 가톨릭 성당으로 사용되고 있습니다.

또 다른 로마의 대표 건축물은 돌과 콘크리트를 사용해 지은 거대한 원형 경기장 콜로세움입니다. 72~76년 프라비우스 왕조 때 짓기 시작해 80년에 완성된 콜로세움은 로마 제국 최초의 경기장으로서 규모도 무척 큽니다. 높이 48.5미터, 길이 188미터, 넓이 156제곱미터 크기의 이 거대한 경기장은 수용 인원이 5만 명 이상이며 모든 관객이 중앙 무대를 볼 수 있습니다. 콜로세움은 1914년 미국의 예일 대학교 스타디움인 예일볼(Yale Bowl)이 건축되기 전까지 세계에서 가장 큰 원형 경기장으로 꼽혔습니다.

콘크리트만큼이나 건축사에 중요한 영향을 준 것이 바로 철입니다. 19세기에 이르러 도시가 커지면서 산업 목적으로 사용하던 철을 건축 자재로 사용하기 시작했습니다. 철 기둥을 써서 대형 건물이나 기차역 등을 세우기 시작한 것입니다. 1889년 파리 만국 박람회장에 세워진 300미터의 거대한 철탑, 즉 에펠탑은 당시 세계에서 가장 높은 구조물이었습니다. 프랑스의 건축가 귀스타브 에펠(Gustave Eiffel, 1832~1923)의 이름을 딴 에펠탑은 사람들에게 충격을 줄 만큼 소재와 형태가 독창적이었습니다. 시대를 앞서 나간 에펠탑을 보고 당시 프랑스 사람들은 괴물이라 부르며 만국 박람회가 끝난 뒤 반드시 철거해야 한다는 청원서까지 넣었다고 합니다. 하지만 지금은 파리의 상징

으로서 에펠탑이 없는 파리는 상상할 수 없을 정도입니다. 이렇듯 예술 작품은 당시의 시대정신과 문화를 반영하거나 시대를 앞서 미래를 조명하기도 합니다. 아무튼 철과 콘크리트는 서양의 건축을 근본적으로 변혁시켰고, 이 두 재료는 철근을 콘크리트 안에 넣는 강화 철근 콘크리트로 결합됐습니다.

세계에서 가장 높은 빌딩은?

지금까지 인간이 만든 것 가운데 가장 높은 건축물은 무엇일까요? 바로 두바이에 있는 높이 828미터의 '버즈 칼리파'입니다. 지구에서 하늘과 가장 가까운 이 초고층 빌딩은 모두 160개 층으로 개인 주택과 호텔 및 4층 규모의 피트니스 클럽을 갖추고 있습니다. 이렇게 높은 건물의 전망대에서 아래를 내려다보는 기분은 과연 어떨까요? 상상만으로도 짜릿한 이 빌딩은 2004년 공사를 시작해 2009년에 완공됐습니다. 사진 한 장에 담을 수 없을 만큼 아찔하게 높은 이 건물에 들어가려는 모든 사람은 테러나 여러 가지 안전사고 등을 막기 위해 일일이 소지품 검사를 거쳐야 합니다.

버즈 칼리파는 141층까지 건설돼 높이가 512미터에 이르렀을 때 이미 당시 세계에서 가장 높은 건물이었던 타이베이 금융 센터를 제쳤으며, 2008년 4월에는 630미터 높이에 이르러서는 미국 노스다코

삼성물산에서 지은 세계에서 가장 높은 빌딩,
버즈 칼리파. © Samsung CNT.

타 주의 방송 송신탑(628.8미터)을 제치고 세계에서 가장 높은 인공 구조물이 됐습니다.

또 관심을 끄는 점은 현재 세계에서 가장 높은 이 빌딩을 바로 우리나라 기업에서 지었다는 사실입니다.

828미터에 이르는 초고층 건물을 정확히 수직으로 짓기 위해 세 개의 인공위성을 이용한 GPS 시스템으로 건물 밑에서 꼭대기까지의 수직 오차를 5밀리미터 이내로 유지했다고 합니다. 또한 강도 6.0의 내진 설계와 초속 40미터 강풍에 대비한 구조 설계로 안전성을 확보했으며, 30층마다 아웃리거라고 하는 초강도 층을 만들었습니다. 이것은 대나무 마디와 같은 역할을 해 초고층 건물이 강풍에 견딜 수 있게 합니다. 건축에 쓰인 철근의 총 길이는 지구 둘레의 반보다 긴 2만 5,000킬로미터에 이르며, 빌딩의 무게는 5톤짜리 아프리카코끼리 10만 마리보다 무거운 54만 톤이나 됩니다. 이 엄청난 건물의 무게를 균일하게 분포시키기 위해 지름 1.5미터, 길이 50미터의 콘크리트 기둥을 192개나 설치했다고 합니다.

버즈 칼리파에서 내려다보면 다른 빌딩들은 성냥갑 크기로 보인다. © Samsung CNT.

　이렇게 세계 최고의 기록을 갈아치우며 하늘 높은 줄 모르고 높아 져만 가는 초고층 빌딩을 보고 바벨탑을 쌓아 신에게 도전하려고 했 던 바빌론 사람들처럼 인간의 끝없는 욕망을 드러내는 것이라고 걱 정하는 시각도 있습니다. 하지만 미국 엠파이어 스테이트 빌딩이 80 년 동안 랜드 마크로서 뉴욕에 엄청난 부와 명성을 가져다줬던 것처 럼 초고층 빌딩은 그 나라의 과학기술과 경제력의 상징으로서 파급 효과가 엄청납니다. 그래서 나라마다 치열하게 초고층 빌딩 건축 경 쟁을 벌이는 바람에 세계 최고의 자리는 고작 6년을 넘기지 못하고 있습니다. 1998년에는 말레이시아의 페트로나스 트윈 타워(Petronas Twin Tower)가 452미터 88층으로 세계 최고 건축물이었으나, 2004년

대만의 101층 건물 타이페이 101로 세계 기록이 넘어갔습니다. 그 뒤 다시 6년 만인 2010년 버즈 칼리파가 세계 기록을 고쳤지만 이것도 2017년 완공될 사우디아라비아의 1킬로미터 높이의 킹덤 타워(Kingdom Tower)에 자리를 내줄 것으로 보입니다.

에펠탑보다 높은 하늘 위의 다리

세계에서 가장 높은 다리는 무엇일까요? 바로 프랑스 남부 미디 피레네 지역의 타른 강에 있는 미요 대교(Viaduc de Millau)로, 자동차가 다닐 수 있는 다리 가운데 가장 높은 다리입니다. 사장교* 형식의 이 다리는 총 길이 2,460미터, 폭 32미터이고 최고 높이는 343미터로 에펠탑보다도 높습니다. 계곡과 계곡 사이를 가로지르는 이 다리 아래로 보이는 안개 덮인 모습이 장관이어서 많은 관광객들이 찾는다고 합니다. 마치 하늘 위를 걷는 듯한 느낌이 들 것입니다.

미요 대교는 첨단 과학기술과 건축이 만나 탄생한 작품으로 영국 건축가 노먼 포스터(Norman Foster, 1935~)와 세계적으로 유명한 프랑스 다리 전문가 미셸 비를로죄(Michel Virlogeux, 1946~)가 함께 설계했습니다. 사실 경제적인 문제가 컸

하늘과 맞닿은 미요 대교. ⓒ NA Parish from Okland

기 때문에 여러 단체에서 이 엄청난 공사를 반대했다고 합니다. 통행료를 받으면 다리를 이용하는 사람이 줄지 않을까 하는 걱정도 있었고, 또 통행료를 받는다 해도 엄청난 공사 비용을 충당하기에는 턱없이 부족했기 때문입니다. 또한 세계 최고의 다리를 세우는 일이 기술적으로도 쉽지 않았습니다. 단단하지 않은 퇴적암 위에 교각을 지어야 했기 때문에 다리가 제대로 지탱되지 못할 위험이 있었고, 구름다리 형태의 높은 다리여서 새로운 시공법이 필요했습니다.

미요 시에서는 1987년부터 철저한 사전 조사를 거쳐 2001년 10월에야 본격적으로 건설 공사를 시작했습니다. 2004년 12월, 미요 대교는 7개의 교각과 7개의 탑 그리고 8개의 선교 갑판으로 마침내 완공됐습니다. 높이가 워낙 높았기 때문에 7개의 교각 사이에 8개의 선교 갑판을 연결하는 것이 공사 과정에서 가장 어려운 일이었습니다. 지상에서 만들어진 각각의 거대한 선교 갑판을 다리 시작 부분에서부터 조금씩 옆으로 밀듯이 이동시켜 교각과 교각 사이에 설치했습니다. 워낙 무겁고 거대했기 때문에 60센티미터를 이동하는 데 약 4분이 걸렸는데 이때 컴퓨터 시스템을 이용해 정밀하게 움직임을 제어했다고 합니다. 선교 갑판은 강한 바람에 날아가지 않도록 비행기 날개의 반대 모양으로 설계돼 바람이 불면 오히려 아래로 가라앉습니다. 또한 교각 위의 탑과 갑판을 연결하는 케이블은 이중 나선식 웨더 스트립(weather strip)으로 감쌌습니다. 이것은 케이블의 부식을 막을 뿐만 아니라 빗물 때문에 다리가 떨리는 것도 방지합니다.

> **미요 대교의 3대 기록**
> · 세계에서 가장 높은 교각: 244.96미터
> · 유럽에서 가장 높은 차량 선교 갑판: 강 위 270미터
> · 세계에서 가장 높은 탑: 343미터

첨단 과학기술로 완성된 미요 대교는 항상 최첨단 전자 시스템과 다양한 종류의 센서로 다리의 상태와 안전을 관리하고 있습니다. 2,460미터나 되는 미요 대교의 움직임은 마이크로미터 단위로 측정되며, 험한 날씨 등에 따른 다리의 진동도 밀리미터 단위로 측정됩니

다. 또한 다리 위의 교통량과 차량들의 무게, 속도까지 실시간으로 상황실에 전달됩니다.

이렇게 탄생한 미요 대교는 세계 최고 높이를 자랑하는 사장교로서 지역 경제와 관광 산업에 큰 영향을 끼쳤습니다. 이 다리가 개장된 뒤로 인근에는 관광객을 위한 호텔과 관광 시설이 지어졌고 산업 단지가 줄지어 들어섰습니다. 미요 대교는 미요 시의 교통 문제를 해결했을 뿐만 아니라 프랑스의 경제와 관광 산업에도 큰 영향을 끼쳤습니다.

2 유기적 건축, **인간의 삶**을 생각하다

근대 건축에 가장 큰 영향을 준 것은 유기적 건축(organic architecture)이라는 개념입니다. 이는 미국의 건축가 프랭크 라이트(Frank Lloyd Wright, 1867~1959)가 처음으로 주장한 건축 이론으로, 기능적인 면을 강조해 온 그동안의 건축 개념에서 탈피해 건축이 인간의 유기적 생활을 반영해야 한다는 주장입니다. 즉, 유기적 건축은 건물을 중심으로 주변 환경과 자연이 조화를 이루게 디자인하는 것입니다. 단지 인간이 머무르는 공간을 만드는 것이 아니라 인간의 삶을 생각하는 방향으로 건축돼야 한다는 이론입니다. 인간을 중심으로 자연과 생물에 더 밀접하게 조화를 이룬 건축, 기술 중심의 건축 양식에 예술성이 추가돼 조화를 이루는 건축을 말합니다.

유기적 건축물은 주변의 여러 가지 특성을 자세히 조사해 각각의 환경에 적합한 설계와 자재를 사용해 특별한 공법으로 건축합니다.

이를테면 기존의 건축이 콘크리트나 철로 기둥을 만들었다면 유기적 건축물은 기둥을 새로운 형태로 만들어 이전과는 다른 건물을 디자인하는 것이 특징입니다. 특히 자연과 비슷한 곡선미를 강조한 건축물이 많은데, 이를 위해서는 기존 건축물을 지탱하는 기둥의 위치를 다시 설정하는 특별한 설계와 새로운 공법 그리고 신소재가 필요합니다. 유기적 건축물의 대표 예로는 미국의 폴링 워터와 호주의 오페라 하우스가 있습니다.

죽기 전에 꼭 가 봐야 할 폴링 워터(Falling Water)

폴링 워터는 미국의 근대 건축 예술을 세계적 수준으로 끌어올린 프랭크 라이트의 1935년 작품으로 펜실베이니아의 베어런에 있는 산 속 폭포 위에 지은 집입니다. 라이트가 백화점을 운영하던 대부호 카우프만을 위해 지은 이 아름다운 집은 나중에 사회에 기증돼 1964년부터 일반에 공개되었습니다. 자연 속, 그것도 폭포 위에 조화롭게 지어진 폴링 워터는 '죽기 전에 꼭 가 봐야

폴링 워터 | 자연과 하나되게 폭포 위에 지은 집.
© Sxenko

105

할 곳' 중 하나로 뽑힐 만큼 아름답습니다. 미국 건축가들을 대상으로 한 설문 조사에서 최근 125년 동안 지어진 것 중 가장 훌륭한 건축물로 뽑히기도 했습니다.

폴링 워터의 가장 놀라운 점은 실제 폭포 위에 집을 지어 자연을 경치가 아닌 건축 공간의 일부로 탈바꿈시킨 파격적인 디자인입니다. 폴링 워터는 건물 외관뿐만 아니라 실내 공간의 가구, 색채, 조명까지도 주변 자연과 일관되게 조화를 이루고 있습니다. 또한 집을 떠받치는 기둥은 전혀 보이지 않고 캔틸레버* 식의 육중한 콘크리트 구조물이 길게 허공으로 뻗쳐 있기 때문에 집이 폭포 위에 떠 있는 듯한 장면을 연출합니다. 수직으로 된 석벽은 주변의 바위 중 하나로 보일 정도입니다. 그야말로 자연이 집이고 집은 자연의 일부가 되었습니다.

이처럼 폴링 워터는 당대 최고 건축가의 최고의 영감과 기술로 지어졌지만, 생각지도 않은 문제점이 드러나 사람들을 안타깝게 했습니다. 먼저 집이 완공된 지 얼마 안 돼 캔틸레버로 된 바닥의 끝 부분이 내려앉기 시작했습니다. 또 폭포 위에 집을 지었기 때문에 습도가 높아서 곰팡이가 생기는가 하면, 폭포수의 진동으로 물이 새고, 집 안팎의 온도 차이가 커서 건물 구조에 문제가 생기기도 했습니다.

물론 이런 문제점들은 현재의 건축 기술로 충

분히 고칠 수 있습니다. 캔틸레버 건축의 약점인 한쪽 끝이 내려앉거나 균열이 생기는 등의 문제는 현수교에 쓰이는 고강도 케이블로 쉽게 보강할 수 있습니다. 또 곰팡이와 물이 새는 문제는 현대의 첨단 제어 기술로 온도와 습도를 조절해 얼마든지 해결할 수 있습니다.

만약 지금 이런 건축물을 다시 짓는다면 설계 단계에서부터 컴퓨터를 이용해 건물을 지을 때 생길 수 있는 모든 문제점을 미리 예측하고 제어할 수 있습니다. 물이 새고 기울어 가는 폴링 워터의 명성은 이 집을 지을 당시의 건축 기술과 시공술이 건축가의 디자인을 미처 따라가지 못해 생긴 결과라고 할 수 있습니다. 그렇기는 해도 폴링 워터는 자연을 재발견하는 새로운 건축적 시도였다는 점만으로도 성공적인 건축물이자 훌륭한 예술 작품으로 평가받고 있습니다.

세계인이 사랑하는 시드니의 오페라 하우스(Opera House)

시드니의 오페라 하우스도 자연과 멋지게 조화를 이루어 대표적인 유기적 건축물로 꼽힙니다. 시드니 항구에 머무르고 있는 요트의 돛을 떠올리게 하는 조가비 모양의 지붕이 바다와 어우러진 오페라 하우스는 시드니의 상징이자 자부심입니다. 오페라 하우스가 처음 문을 열 때 영국 여왕 엘리자베스 2세가 직접 참석해 개관 테이프를 잘라 화제가 되기도 했습니다. 오페라 하우스는 서로 연결돼 있는 3개 건물에 2,700명을 수용할 수 있는 커다란 콘서트홀과 오페라 극장, 레스토랑 건물 및 식물원 등이 있습니다. 외곽은 테라스 형태로 둘러싸여 바다를 보며 걸어서 건물을 돌아볼 수 있습니다. 오페라 하우스는 호주 오페라단, 발레단, 시드니 무용단 등 여러 예술 단체들이 상주하는 호주 예술의 중심지입니다.

오페라 하우스는 항구의 바다 풍경과 대도시 건물이 조화를 이룬 창조성이 인정돼 2007년 유네스코 세계 문화유산으로 지정되기도 했습니다. 이 세계적인 건축물은 국제 공모전에서 당선된 덴마크의 건축가 이외른 우트존(Jørn Utzon, 1918~2008)이 설계해 1973년 완공되었습니다. 1.8만 제곱미터의 대지에 세워진 길이 183미터, 높이 67미터의 건물로 조개껍데기를 연상시키는 거대한 하얀색 지붕이 돋보입니다. 이 특이한 지붕 모양은 이외른 우트존이 오렌지 껍질을 벗기다가 영감을 받아 설계했다고 하는데, 부분적으로 원형인 바깥 표면은 그 지역을 항해하는 범선 무리를 떠올리게 합니다. 역시 예술가는 음

시드니 오페라 하우스. ⓒ Mattew Field.

식을 먹으면서도 영감을 받는 모양입
니다.

조개껍데기 모양의 지붕은 75.2미
터에 해당하는 거대한 크기여서 여러
개의 콘크리트 패널로 구성됐습니다.
이 패널들은 갈비뼈 모양의 지지대 위
에서 거대한 조개껍데기 모양을 연출
합니다. 콘크리트 패널 위에 100만 개

갈비뼈 모양 지지대 위의 콘크리트 패널.

이상의 타일이 V형 무늬, 즉 갈매기 모양으로 배열돼 있습니다. 이 타
일은 윤이 나는 흰색과 광이 나지 않는 흰색, 크림색이 섞여 있지만
멀리서는 균일한 흰색으로 보입니다.

건축가의 역동적이며 풍부한 상상력은 세기의 건축물을 탄생시켰
지만 그 과정은 결코 순탄하지 않았습니다. 특히 조개껍데기 모양의
지붕을 짓는 데 문제가 많아 논란이 일기도 했습니다. 오페라 하우스
는 완성되기까지 무척 오랜 시간이 걸렸습니다. 건물 기초를 세우는
것도 어려웠지만 가장 어려운 단계는 여러 개의 독특한 지붕을 세우
는 것으로 여기에는 혁신적인 시공법이 필요했습니다.

처음 조개껍데기 모양의 지붕을 덮을 콘크리트 패널을 성형할 때는
그 패널 하나하나의 모양과 크기가 달라 공사 현장에서 원형, 포물선,
타원형 등 각기 다른 모양과 크기의 패널을 만들어야 했기 때문에 비

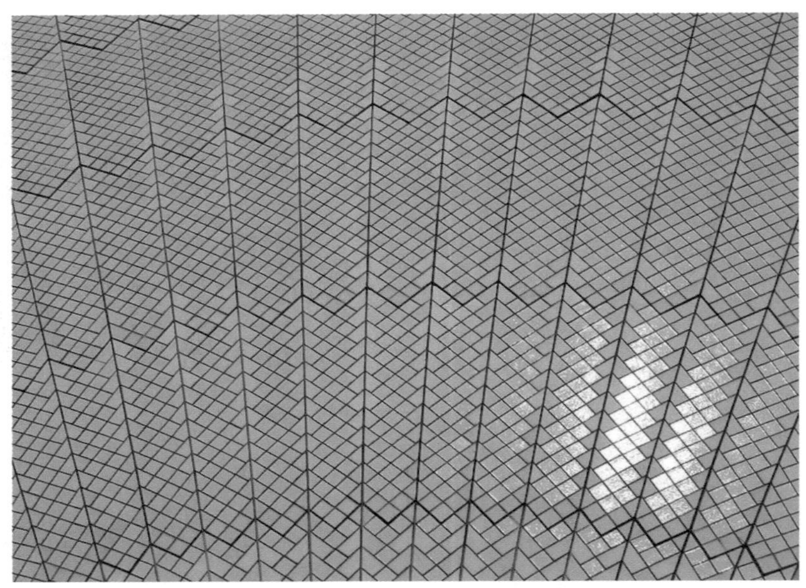

오페라 하우스를 빛내 주는 세라믹 타일. © Greg O'Beirne.

용이 많이 들었습니다. 그래서 같은 모양의 패널을 다량으로 만들어 지붕을 덮는 경제적인 방법을 쓰기로 했는데, 이를 위해 적어도 12번 이상이나 패널 디자인을 바꿔야 했다고 합니다. 2,400개의 갈비뼈 모양을 한 지지대 위에 4,000개의 콘크리트 패널을 공사 현장에서 직접 만들어 얹었습니다. 이것들을 조립해 지붕을 만들기 위해서 철골 지붕틀을 이용해 지붕을 올리는 혁신적인 시공법도 개발되었습니다. 또한 세계에서 처음으로 '애럴다이트'라는 강력 접착제를 이용해 미리 성형된 콘크리트 패널을 서로 연결했습니다.

또한 오페라 하우스는 처음으로 캐드*를 이용해 설계된 건축물이기도 합니다. 건축에서 디자이너의 상상력과 창의성을 잘 구현하려면 과학기술이 얼마나 중요한 역할을 하는지 절감할 수 있습니다.

이렇게 어려운 과정을 거쳐 완성된 오페라 하우스는 세계에서 가장 유명하고 인상적인 20세기 건축물 중 하나이자 세계인에게 사랑받는 건축물이 되었습니다.

캐드*
CAD
computer aided design의 약자로, 컴퓨터를 이용해 설계하는 것을 말한다.

3 스마트 콘크리트, 상상 그 이상을 보여 주다

로마 시대에 생석회와 화산재를 섞어 처음으로 콘크리트를 만들어 사용한 이후 19세기 초에 현대 시멘트의 원조인 포틀랜드 시멘트가 나왔습니다. 그 뒤 1867년 프랑스에서 철망으로 보강된 콘크리트가 개발되었고, 1887년 독일을 중심으로 철근 콘크리트의 개발이 빠른 속도로 이루어졌습니다. 이렇게 점점 성능이 좋아진 콘크리트는 현대 건축사의 주역으로 자리 잡았습니다. 오늘날 도시 모습을 '콘크리트 숲'이라고 표현할 만큼 주변을 둘러보면 콘크리트 없는 세상은 상상조차 할 수 없게 되었습니다.

콘크리트는 강하고 내구성도 우수하며 성형이 쉬워 다양한 모양의 건축물을 만들 수 있을 뿐만 아니라 초고층 빌딩과 같은 고강도 구조물을 건설할 수도 있습니다. 또한 시공이 간단하고 완성한 뒤 유지 보수가 별로 필요 없다는 장점도 있습니다. 하지만 과학자들은 이에 만족하지 않고 더욱 성능 좋은 스마트 콘크리트를 개발해 기존 콘크리트의 문제점을 해결하기 위해 노력하고 있습니다. 다가오는 우주 시대를 대비하려면 분명 지금까지와는 전혀 다른 콘크리트가 필요할 것입니다.

자, 지금부터 상상 그 이상을 보여 주는 스마트 콘크리트의 세계에 푹 빠져 봅시다.

우주 건축 시대의 콘크리트

상상의 나래를 펴기에 앞서 콘크리트의 특성을 자세히 알아보겠습니다. 콘크리트는 시멘트가 물과 반응해서 굳어지는 수화 반응을 이용해 모래나 자갈 등의 골재를 시멘트로 둘러싸서 굳힌 것입니다. 콘크리트는 압축에 강하지만 인장력, 즉 물체를 잡아당겨서 늘어날 때 발생하는 힘에는 약합니다. 그래서 이 점을 보완하기 위해 로마 시대에는 말총을 섞었고 요즘에는 철근을 넣어 사용합니다. 철근 콘크리트는 압축력이나 뒤틀림, 휨에도 강한 장점이 있어 댐과 같은 구조물이나 건물의 기초 등에 꼭 맞는 재료입니다.

그러나 강한 철근 콘크리트 구조물도 소금기에 약하다는 단점이 있습니다. 미국항공우주국 격납고는 우주선이 드나들 수 있을 만큼 거대한 문이 4개 있는 1층짜리 콘크리트 건물입니다. 그런데 우주왕복선을 보관·정비하는 이 중요한 건물의 천장이 떨어져 나갔습니다. 문제는 미국항공우주국이 플로리다 해변에 자리 잡고 있다는 데 있었습니다. 이 초대형 건물은 실내 공간이 너무 커 바다에서 바람이 부는 습한 날이면 천장 아래에 비구름이 생길 정도라고 합니다. 바닷바람에 묻어온 소금기로 철근 콘크리트 내 강화 철근이 녹슬었으며, 결국 철근을 둘러싸고 있는 콘크리트가 떨어져 나간 것입니다.

높은 천장의 콘크리트 조각이 떨어지면서 천문학적인 가격의 우주선을 파손시키는 것은 매우 심각한 문제였습니다. 우주왕복선은 대기권을 통과할 때 공기와 마찰하면서 온도가 높아집니다. 이때 발생하는 뜨거운 열에서 우주왕복선을 보호하기 위해 표면에 히트 타일 (heat tile)이라는 세라믹 타일을 붙여 놓습니다. 그런데 만약 이 중요한 부분이 천장에서 떨어진 콘크리트 조각으로 파손된다면 우주 계획에 큰 차질이 생길 수밖에 없습니다.

미국항공우주국은 건물에 4개의 거대한 공기 정화 장치를 설치해 습도를 조절하려고 애썼지만, 콘크리트 표면에는 워낙 미세한 구멍이 많아서 습기나 공기 중의 소금기가 쉽게 스며들었습니다. 그래서 소수성* 재료로 콘크리트 표면을 코팅해 습기가 미세 구멍으로 들어가는 것을 막았다고 합니다. 또한 철근 부식을 막기 위해 음극화 보호*라는 좀 더 적극적인 방법을 사용

콘크리트로 지어진 우주왕복선의 집. ⓒ NASA.

했는데, 이는 반응성이 더 큰 금속을 철근 콘크리트에 덧붙여 부식을 막고 보호하는 것입니다. 미국항공우주국은 철근 콘크리트가 녹스는 문제를 해결하기 위해 이렇게 여러 가지 방법을 사용했지만, 안전한 우주여행을 위해서는 소금기에도 끄떡없는 콘크리트의 개발이라는 과제가 여전히 남아 있습니다.

앞으로 달에 유인 기지를 세우려면 물이 없는 달에 건축물을 세우는 방법도 개발돼야 합니다. 그중 하나로 물이 없

음극화 보호*

cathodic protection
반응성이 더 큰 금속을 연결해서 금속으로 만든 구조물의 부식을 막는 것. 쉬운 예로 빗물받이에 사용하는 함석을 들 수 있는데, 철에 아연을 코팅한 함석은 반응성이 철보다 커서 먼저 산화되므로 그 표면에 흠이 생겨도 아연이 먼저 산화돼 내부 철의 부식을 막을 수 있다.

이 쓸 수 있는 루나 콘크리트(lunar concrete)에 대한 연구가 활발히 진행돼 왔습니다. 1985년 피츠버그 대학의 베이어 교수가 처음 제안한 루나 콘크리트는 달 표면의 돌가루, 토양 등의 물질이 섞인 레골리스(regolith)로 만든 가상의 건축 재료입니다. 마침내 2008년에는 미국 앨라배마 대학과 항공우주국 연구소 공동 연구팀이 물 대신 달 먼지 속의 황을 이용해 레골리스로 루나 콘크리트를 만드는 데 성공했습니다. 하지만 실제 우주 공간의 혹독한 환경에서 견디는 건물을 짓기 위해서는 앞으로 더 강도 높은 루나 콘크리트를 만들어야 합니다. 앞으로는 분명 우주에 건축을 하는 시대가 올 것이므로 콘크리트도 이에 따라 진화할 것입니다.

설계부터 남다른 초고성능 전자현미경실

현대 건축물에 필수적인 철근 콘크리트를 사용할 수 없는 곳도 있습니다. 전자 현미경처럼 전자기장에 민감한 장비가 있는 실험실은 아주 적은 전류라도 흐르면 자기장을 형성하는 일반 철근 콘크리트로 지을 수 없습니다.

초고성능 전자현미경은 분해능이 78피코미터[*]로 원자와 원자 사이의 공간을 볼 수 있을 만큼 분해능이 좋은 최첨단 과학 장비입니다. 이런 분

피코미터[*]
1피코미터는 1조분의 1미터, 1나노미터의 1,000분의 1이다.

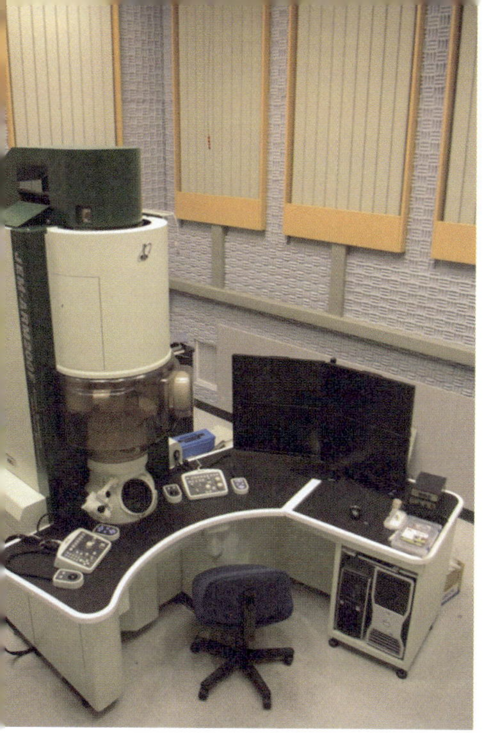

특수 설계로 완성된 텍사스 주립대학교 (UTD)의 전자현미경실. © 텍사스 주립대학교.

해능으로 첨단 신소재를 분석하려면 주변 환경도 매우 안정적이어야 합니다. 전자현미경 같은 장비는 진동, 온도, 소음, 기압, 전자기장 등의 영향을 받으므로 실험실을 지을 때는 설계부터 달라집니다. 전자현미경실은 건물 안의 다른 실험실과 분리돼야 하고 대부분 안정적인 지하층에 자리합니다. 실험실 바닥의 콘크리트는 진동을 줄이기 위해 일반 건물보다 1미터 정도 두껍게 짓고 건물 안의 다른 바닥들과도 분리돼 있습니다. 또 콘크리트 철근도 에폭시로 코팅한 것을 사용하며, 이를 고정시킬 때는 철사 대신 플라스틱 와이어를 사용해 건물 토대에 흐르는 전류로 생길 수 있는 자기장을 미리 막습니다.

실험실 주변으로 기차나 전차가 지나가면 분석을 하다가도 멈춰야 할 만큼 민감한 영향을 받기 때문에 과거에는 전자현미경실이 산속 깊은 곳에 세워졌습니다.

또한 전자현미경실은 온도 변화가 한 시간에 0.5도 이하로 유지돼야 하며 공기 흐름도 아주 적어야 합니다. 그래서 이런 실험실은 에어컨 대신 복사 패널*로 온도를 조절합니다. 또 소음을 차단하기 위해 벽도 두껍게 만들고 벽지 대신 소음을 흡수하는 흡음재로 마감합니다. 이와 같이 최첨단의 안정된 전자현미경실을 세우기 위해서는 특수 설계와 시공이 이루어져야 하고, 완공한 뒤에도 외부 환경을 차단하고 안정적인 실내 환경을 유지하기 위해 노력해야 합니다.

공해 물질과 스모그를 먹는 똑똑한 콘크리트

콘크리트의 또 다른 특징은 열과 진동에 강하고 방사능을 막는 성질이 있다는 것입니다. 그렇기 때문에 원자력 발전소나 원자로를 만들 때 콘크리트를 사용하며, 또 원자력 사고가 일어났을 때 콘크리트를 부어 방사능 유출을 막기도 합니다. 콘크리트는 이런 성질 때문에 댐이나 발전소, 도로, 다리 등을 세울 때 꼭 필요한 재료이며 따라서 전 세계적으로 시멘트 제조량이 해마다 늘어나고 있습니다.

하지만 콘크리트에도 문제가 있습니다. 바로 콘크리트의 주원료인 시멘트를 만들 때 많은 양의 이산화탄소가 나온다는 점입니다. 시멘트의 주원료인 생석회(산화칼슘, CaO)는 석회석(탄산칼슘을 주성분으로 한 퇴적암, $CaCO_3$)을 섭씨 1,000도 이상의 고온에서 다른 첨가물과 함께 가열해 얻는데, 바로 이때 탄산가스가 배출됩니다. 다음 화학 방정식에서 알 수 있듯이 시멘트를 만들 때 석회석이 생석회와 이산화탄소로 분리됩니다.

$$CaCO_3 \rightarrow CaO + CO_2$$

이산화탄소는 공해 물질 가운데 하나로 특히 지구 온난화에 큰 영향을 주는 온실가스입니다. 현재 대부분의 건설 토목 현장에서 일반적으로 사용되는 콘크리트는 포틀랜드 시멘트를 결합재로 사용합니다. 시멘트를 제조할 때 많은 양의 에너지가 소비되고, 주원료인 석회석을 열처리하는 과정에서 이산화탄소도 많이 배출됩니다. 1,000킬로그램의 시멘트를 만들 때 약 900킬로그램의 이산화탄소가 생겨나는 것으로 알려져 있으며, 이산화탄소 배출량의 5퍼센트 이상이 시멘트 산업에서 비롯된다는 통계도 있습니다. 그래서 요즘에는 시멘트 업계에서 온실가스를 줄이기 위한 투자와 이산화탄소를 이용한 친환경 사업에 힘쓰고 있습니다. 이런 노력 중 하나로 공해 물질과 스모그를 먹는 똑똑한 스마트 콘크리트가 개발됐습니다.

미국에서 일곱 번째로 스모그가 심한 미주리 주 세인트루이스 시에서 스모그를 먹는 콘크리트 도로가 등장했습니다. 스모그를 먹는 콘크리트는 특수 공법을 사용해 이산화티타늄(TiO$_2$) 입자를 섞어 만든 스마트 콘크리트로서 이산화티타늄 입자가 자외선과 반응해

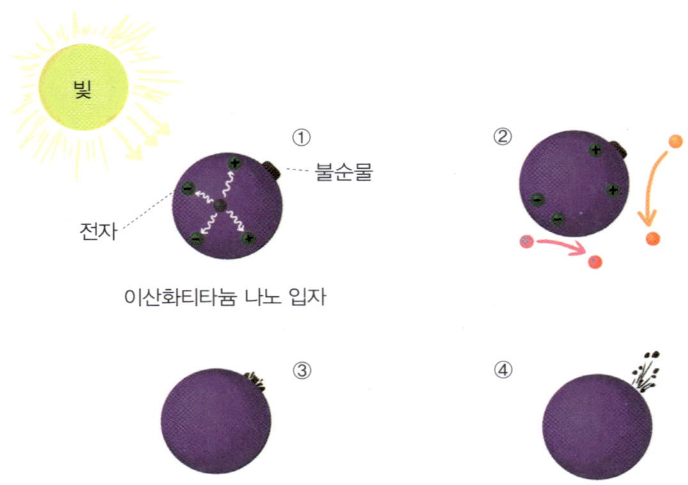

① 이산화티타늄 나노 입자에 자외선을 받으면 전자와 정공이 발생된다. ② 발생된 전자와 정공에 의해 공기와 수증기가 반응한다. ③ 나노 입자 위에 붙은 불순물이 분해된다. ④ 분해된 불순물이 날아간다.

광촉매* 역할을 하는 점을 이용한 것입니다.

이산화티타늄은 빛에 예민하게 반응하는 물질로 일단 빛을 받으면 수증기, 공기와 반응해서 유기 물질을 분해합니다. 이런 현상은 식물이 빛을 이용해 광합성 작용을 하면서 이산화탄소를 분해하고 산소를 만들어 내는 것과 같은 원리입니다. 이처럼 이산화티타늄은 빛을 이용해 더러운 유기물과 무기물을 분해하고 스모그를 형성하는 여러 가지 공해 입자를 이산화탄소나 수소처럼 증발할

광촉매*

빛을 받아들여 화학 반응을 촉진하는 물질을 말하며 대표적인 예로 이산화티타늄(TiO_2)이 있다. 이산화티타늄의 효과는 1967년 일본인 과학자가 증명했다. 이후 이산화티타늄은 환경 문제 해결에 도움이 되는 기초 기술로 실용화돼 오염을 없애고 항균 탈취하는 데 이용되었다. 또한 친수성 기능으로 셀프 클리닝 효과가 있는 유리와 타일, 청소기, 공기 청정기, 냉장고, 도로포장, 커튼, 벽지 등을 만드는 데 사용된다.

수 있는 물질로 만듭니다. 또 이산화티타늄은 물을 좋아하는 성질이 있기 때문에 도로 위의 오염 물질을 스스로 깨끗하게 하는 능력이 있습니다. 물을 잡아당겨 이미 분해된 이물질들이 물에 흡수돼 물과 함께 씻겨 나가게 됩니다. 이를 이용해 공해 물질을 없앨 뿐만 아니라 스스로 도로를 깨끗이 유지하는 콘크리트를 만들 수 있다니 신기하기만 합니다.

이렇게 스모그를 먹는 스마트 콘크리트로 도로를 만들 경우 인체에 해로운 이산화질소(NO_2)를 일 년에 40퍼센트나 줄일 수 있다고 합니다. 또한 도로 표면에 쌓이는 오염 물질을 분해해 다른 도로보다 훨씬 더 깨끗해 보이는 장점도 있습니다. 이렇게 한번 포장된 도로는 15년에서 20년 동안이나 스모그를 없애는 기능과 세정 기능을 유지한다고 합니다.

스스로 깨끗해지는 주빌리 성당

유럽을 여행하다 보면 고색창연한 궁궐과 성당을 많이 볼 수 있습니다. 오랜 역사를 고스란히 간직한 이 건축물들은 워낙 크기 때문에 한쪽에서 보수 중일 때가 많습니다. 이런 건물을 유지, 보수하는 데는 엄청난 비용이 들어가므로 공해 때문에 색이 변하고 때가 타는 것만이라도 막을 수 있다면 한시름을 놓을 수 있을 것입니다. 로마의 명소

주빌리 성당 | 희고 깨끗한 외벽이 아름답다. ⓒ Davide Lussetti.

로 불리는 교회들은 여러 가지 과학기술을 이용해 건물 오염을 막기 위해 애쓰고 있습니다. 그중에는 아예 자기 세정 콘크리트, 즉 스스로 깨끗해지는 콘크리트로 지은 성당도 있습니다. 첨단 기술로 탄생한 이곳은 주빌리 성당(Jubilee Church)입니다. 요한 바오로 2세의 즉위 25주년을 기리기 위해 로마 중심지에서 동쪽으로 6마일 떨어진 곳에 건축된 주빌리 성당은 유명한 건축가 리처드 마이어(Richard Meier, 1934~)가 지었습니다.

　주빌리 성당의 가장 큰 특징은 활 모양을 한 3개의 콘크리트 외벽입니다. 이 거대한 외벽 3개는 성부·성자·성령 삼위일체를 나타내는데 세 겹의 둥근 벽이 안쪽으로 기울어져 있어 교회를 품고 있는 듯한 느낌을 줍니다. 또 멀리서 보면 하얀 돛을 단 요트가 항해하는 것 같기도 합니다.

5만 5,000제곱미터로 8,000여 명을 수용할 수 있는 이 대규모 성전은 4층 높이의 유리로 지어졌습니다. 유리 벽과 천장에 낸 채광창으로 들어오는 빛이 건물 전체를 밝히며, 밤에는 건물 안에서 나오는 빛으로 천상의 느낌을 나타냈다고 합니다. 그런데 리처드 마이어가 천상의 느낌과 신의 존재감을 나타내기 위해 강조한 빛은 이 건축물의 중요한 기능과도 연관이 있습니다. 바로 자기 세정 능력입니다.

주빌리 성당은 이산화티타늄 입자가 포함된 스마트 콘크리트로 지어졌습니다. 3개의 거대한 흰색 콘크리트 벽은 빛을 받으면 자외선을 흡수해 콘크리트에 붙어 있는 공해 물질을 분해합니다. 이 시멘트를 공급한 이탈체멘티 사에 따르면 이산화티타늄 입자가 포함된 스마트 콘크리트는 희고 표면이 부드러워서 매끄러운 대리석 같은 느낌을 주지만 대리석에 있는 줄무늬가 없는 장점이 있다고 합니다. 스마트 콘크리트는 표면을 깨끗이 유지할 뿐만 아니라 공기 정화 능력도 있어서 자동차 배기관에서 나오는 공해 물질을 잘 분해합니다. 이산화티타늄은 빛과 물에 노출되면 공해와 먼지에 들어 있는 유기 분자를 분해한 뒤 그것을 다시 공기 중에 날려 보내 건물 색이 변하지 않도록 깨끗이 유지시켜 줍니다. 이와 같이 이산화티타늄의 성질을 이용해 건물을 지으면 스스로 깨끗함을 유지할 뿐만 아니라 공해 때문에 건

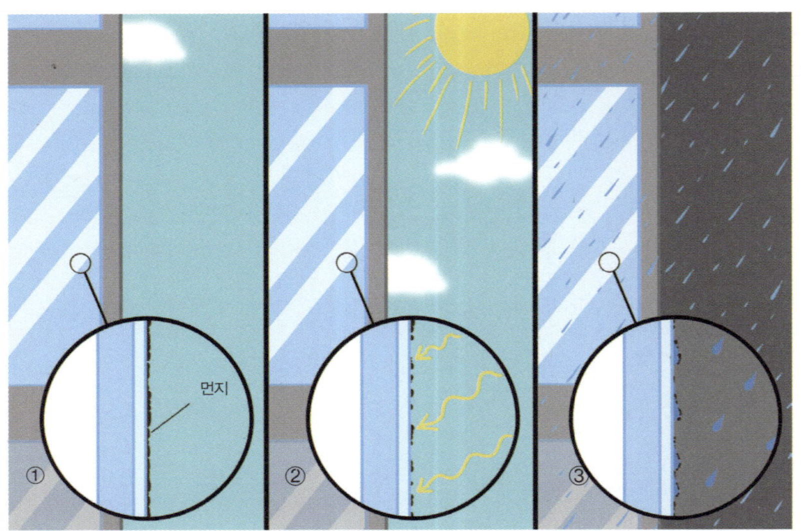

① 이산화티타늄 입자가 코팅된 창에 먼지가 묻는다. ② 자외선에 의해 창에 묻은 먼지가 분해된다. ③ 분해된 먼지가 비와 함께 씻겨 내려간다.

물 색이 바래는 문제도 해결할 수 있습니다.

주빌리 성당의 특수 공법으로 만든 두꺼운 콘크리트 벽은 실내 온도 변화를 최소한으로 유지시켜 주는 기능도 합니다. 외부의 온도 변화에 쉽게 영향 받지 않을 뿐만 아니라 내부의 열을 효과적으로 유지해 에너지 소비를 줄입니다.

종교와 예술과 과학이 공존하는 주빌리 성당! 밀레니엄 시대의 새로운 상징으로 지어진 이 성당이 1,000년 뒤에는 사람들에게 어떤 모습으로 보일지 궁금합니다.

스스로 복구되는 콘크리트의 비밀

미국 미시간 대학 리(Li) 박사의 연구팀은 갈라졌을 때 저절로 균열을 없애는 놀라운 콘크리트를 개발했습니다. 실험 결과에 따르면 이 스마트 콘크리트는 3퍼센트의 인장 실험에도 견뎠다고 합니다. 이것은 100미터 길이의 콘크리트를 3미터나 늘여도 원래 상태로 복구된다는 뜻입니다. 일반 콘크리트는 인장력이 약해 조금만 잡아당겨도 부서지고 맙니다. 리 박사에 따르면 일반 콘크리트가 부서지는 이유는 균열의 크기가 너무 크기 때문인데, 새로 개발된 스마트 콘크리트는 균열이 생길 때 한 개의 큰 균열이 아니라 여러 개의 작은 균열이 생기고, 이후 균열이 저절로 없어진다고 합니다.

연구팀은 휨에도 잘 견디는 시멘트 복합 재료인 ECC(Engineered Cementitious Composite)를 개발하는 과정에서 콘크리트에 150마이크로미터보다 작은 균열이 생기면 저절로 없어진다는 사실을 밝혀냈습니다. 그래서 연구팀은 콘크리트에 특수 기능성 고분자 섬유를 넣어 콘크리트에 생기는 균열의 크기가 60마이크로미터 이상으로 커지는 것을 막았습니다. 만약 미세한 균열이 생기면 표면에 노출된 시멘트가 물, 이산화탄소와 반응해 탄산칼슘 막을 형성함으로써 균열을 메워 준다고 합니다. 스스로 균열이 복구되는 이른바 '셀프 힐링 시멘트'는 이처럼 균열을 메워 주는 다섯 번의 사이클을 반복해 균열이 완전히 없어지고 이전 강도를 회복하게 해 주는 놀라운 시멘트입니다. 이

표면에 흰색으로 보이는 가는 선들은 콘크리트에 생긴 균열이 물과 이산화탄소만을 이용해 저절로 복구됐음을 보여 준다.
ⓒ Nicole Casal Moore.

스마트 콘크리트는 0.01퍼센트의 인장 변형에도 깨졌던 종전의 콘크리트에 비해 300배나 더 큰 인장 변형에도 끄떡없다고 합니다.

뿐만 아니라 이 스마트 콘크리트는 보강 철근이 필요하지 않기 때문에 기존의 철근 콘크리트가 수분과 소금기에 의해 부분적으로 부식되면 전체 콘크리트 구조가 훼손되었던 문제를 줄일 수 있다고 합니다. 최근 미국 연방 정부는 경기 부양책으로 사회 기반 시설을 건설하는 데 약 1,000억 달러의 재정을 책정했는데, 이런 스마트 콘크리트가 널리 사용될 경우 도로나 다리 등 사회 기반 시설의 보수에 들어가는 엄청난 비용을 눈에 띄게 줄일 수 있을 것으로 기대됩니다.

한편 네덜란드의 델프트 대학교 헨크 욘커르스(Henk Jonkers) 박사 연구팀은 박테리아로 콘크리트에 생긴 금을 보수하는 박테리아 콘크리트를 개발했습니다. 욘커르스 박사는 사람의 뼈에 가는 금이 갔을 때 뼈가 스스로 붙는 것에서 스마트 콘크리트에 관한 아이디어를 얻었다고 합니다.

박테리아 콘크리트의 비밀은 콘크리트를 만들 때 알칼리성 환경을 좋아하는 박테리아를 콘크리트 혼합물, 젖산칼슘과 함께 섞어 만드는 것입니다. 그러면 박테리아가 콘크리트에 금이 생길 때 스며드는 물과 젖산칼슘을 천연 시멘트인 탄산칼슘으로 전환시켜 금이 간 부분을 메워 줍니다. 즉, 물이 스며들어 콘크리트 내 보강 철근을 부식시켜 전체 콘크리트 구조가 훼손되는 것을 막는 원리입니다.

알칼리성 환경을 좋아하는 박테리아는 소금의 구성 원소인 나트륨이 많은 소다호에서 생식하는 박테리아로, 산도(pH)가 10이나 되는 염기성 환경에서도 살 수 있을 뿐만 아니라 50년 동안은 물 없이도 살 수 있으므로 오랜 시간 콘크리트를 유지하기에 안성맞춤입니다. 특히 지하 하수도 등 콘크리트에 금이 생겨도 보수하기가 쉽지 않은 곳에 이런 박테리아 콘크리트가 더욱 널리 활용될 것으로 기대하고 있습니다.

4 건축이 첨단 과학과 만나다
- 스마트 빌딩

최근에는 기능적 건축과 유기적 건축이 복합된 최첨단 건축물이 나타나기 시작했습니다. 과학의 발전으로 얻게 된 첨단 소재와 특수 설계 및 공법을 이용해 기능성은 더욱 높아지고 거주자와 상호작용을 할 수 있는 스마트 빌딩이 생겨나기 시작한 것입니다. 건축이 나노 과학기술과 전자 통신 기술 같은 첨단 과학과 만나면서 이전에는 상상도 할 수 없던 디자인과 기능을 갖춘 놀라운 건축물이 탄생하고 있습니다.

스마트 빌딩을 한마디로 정의하기는 힘들지만 기본적으로 첨단 기술과 장비를 이용해 거주자의 편의와 안전을 꾀하고 건물 주인이 효율적으로 건물을 유지하게 만든 것을 말합니다. 디자인이나 시공뿐만 아니라 완공한 뒤까지 소기의 목적을 이루도록 고려해서 지은 스마트 빌딩은 현재 거주자들의 필요뿐만 아니라 미래 이용자들까지 만족시킬 수 있게 유동적으로 설계돼야 합니다.

스마트 빌딩은 미래의 정보 통신, 안전, 자동화적인 측면의 변화를 예측해 쉽게 변경하거나 증설할 수 있는 설계를 기본으로 합니다. 또한 빌딩을 이용하는 사람들에게 가장 좋은 실내 공간과 환경을 제공하고 자동화와 통합된 시스템을 통해 에너지 소모를 획기적으로 줄여 줍니다. 아울러 친환경적인 빌딩으로서 재활용 소재를 적절히 이용하고 환경오염을 최소로 줄이며 기능성은 오랫동안 유지할 수 있어야 합니다. 최첨단 과학기술과 결합해 탄생한 스마트 빌딩은 인간과 환경을 생각하며, 생산성은 높이고 건물 유지비는 줄이며 빌딩 가격은 상승하는 등의 파급 효과가 있는 똑똑한 빌딩입니다.

대표적인 스마트 빌딩으로는 미국 플로리다 주의 아베마리아 대학교를 들 수 있습니다. 2007년 8월 문을 연 이 대학교는 5년이 넘는 계획 및 공사 기간을 거쳐 완성된 최첨단 빌딩입니다. 이 학교는 정보 처리 시스템, 소방 시설, 보안 경비 시설, 공조 시설, 편의 시설 등 23개가 넘는 시스템을 하나의 통합된 인터넷 시스템으로 설계했습니다. 처음부터 스마트 디자인을 통해 불필요하고 중복되는 케이블 설치를 막음으로써 150만 달러의 공사 비용을 절감했고, 연간 60만 달러의 운영비와 30만 달러의 인건비를 절약했다고 합니다.

보통 이 정도 규모의 시설을 유지하는 데는 24명 이상의 관리자가 필요한데, 이 건물은 단 7명으로 모든 시설을 관리할 수 있습니다. 시설 관리에 필요한 모든 정보와 제어 시스템을 인터넷상으로 모니터링하고 스마트 폰을 통해서도 실시간으로 관리할 수 있기 때문입니다. 대학교 전체가 무선 통신 인터넷으로 연결돼 있고, 모든 편의 시설이 최적의 상태로 자동 유지되며, 보안이 철저히 이루어지기 때문에 학생과 교직원들은 학업과 업무에만 전념할 수 있습니다.

아베마리아 대학은 안전·보안 체계를 강화하기 위해 생체 인식 시스템을 도입했을 뿐만 아니라 교내 곳곳에 응급 상황에 대처할 수 있는 곳을 마련하고 감시 카메라를 설치했습니다. 또한 캠퍼스에서는 카드 하나로 모든 활동이 가능해졌습니다. 예를 들면 기숙사, 실험실, 건물 등을 출입하는 카드 키에 도서관 카드, 은행 입출금 기능까지 더해졌습니다. 정보처리 시스템 통합으로 카드 한 장만 있으면 모든 것이 가능한 이 스마트 빌딩에서 공부하는 학생들은 참 편리할 것입니다.

스마트 빌딩은 전력과 에너지가 부족한 시대에 최첨단 IT 기술을 빌딩 에너지 관리와 접목해 대형 빌딩의 에너지 소모를 획기적으로 줄여 주므로 전 세계적으로 많이 생겨나는 추세입니다. 또한 컴퓨터를 이용한 자동 제어 시스템으로 수천 개의 조명 기구와 냉·난방기, 공조기 등을 관리해 연간 에너지 비용을 획기적으로 줄일 수 있습니다. 아울러 빌딩의 전력 및 에너지 사용량을 실시간으로 분석하고 사무실의 근무 인원과 쾌적도 등에 따라 에너지 사용을 자동으로 최적

화하는 시스템을 개발함으로써 에너지 절약과 함께 근무 성과 향상
도 꾀할 수 있습니다.

지진을 견뎌 내는 다리

사람들이 건축물에 거는 기대는 단지 편리함이나 아름다움에서 그
치지 않습니다. 대지진 등의 자연재해에 따른 피해가 전 세계적으로
늘어나는 요즘, 안전에 대한 요구가 그 어느 때보다 높아지고 있습니
다. 따라서 지진으로 인한 건축물 붕괴를 막기 위해 내진 설계를 하
는 건물이 늘고 있으며, 저층 건물까지 내진 설계 기준을 확대해 적용
하고 있습니다. 하지만 우리나라의 건물이나 다리, 고가 도로 등은 상
당수가 지진에 안전하지 않은 것으로 조사됐습니다. 예전에는 내진
설계가 의무가 아니었으므로 오래전에 만들어진 다리 등을 중심으로
성능을 보강해야 합니다.

지진을 견뎌 내는 다리에 대
한 연구는 전 세계적으로 진행
되고 있습니다. 콘크리트에 쓰
이는 철근 대신 니켈과 티타늄
합금인 니티놀(Nitinol)이라는
형상 기억 합금으로 다리를

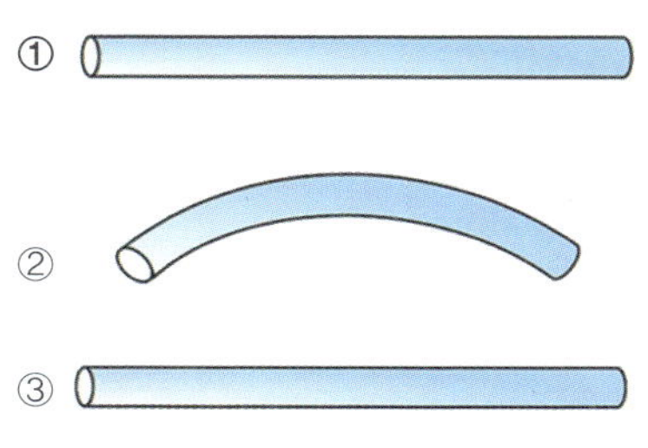

형상 기억 합금의 휘어지기 전(①)과 후(②),
다시 원래 상태로 돌아간 모습(③).

131

1994년 미국 LA에서 일어난 지진으로 붕괴된 일반 콘크리트 다리 | 미국 네바다 주립대 연구 팀이 개발한 니티놀 형상 기억 합금으로 강화된 콘크리트는 지진에도 잘 견디며 지진 후에도 원래 상태를 회복할 수 있다고 한다. © Robert A. Eplett, FEMA Photo Library.

만드는 방법도 그중 하나입니다. 기존의 철근 콘크리트는 지진이 일어나면 콘크리트 안의 철근이 휘어져 콘크리트 구조가 완전히 붕괴되는 것을 어느 정도 막아 줍니다. 하지만 지진 후에는 콘크리트를 보수하거나 다시 건설해야 합니다. 그런데 형상 기억 합금은 휘어진 모양을 원래 상태로 되돌리기 때문에 다리의 훼손을 최소화할 수 있습니다.

현수교에 쓰이는 케이블도 니티놀 형상 기억 합금으로 바꾸면 지진이 나도 일반 케이블이 끊어지거나 늘어지는 일 없이 원래 상태로 돌아갑니다. 이처럼 안전하게 유지할 수 있기 때문에 지진이 잦은 곳에

서는 현수교 케이블을 니티놀 케이블로 바꾸는 것도 좋은 방안일 것
입니다.

테러에 맞서는 프리덤 타워

2001년 9월 11일 민간 항공기를 납치하는 끔찍한 테러가 미국에
서 일어났습니다. 미국 뉴욕의 110층짜리 세계 무역 센터 쌍둥이 빌
딩이 무너졌고 워싱턴의 펜타곤이 공격을 받았습니다. 9·11 테러는
218조 원의 경제적 피해와 3,500여 명의 사망자를 냈으며, 전 세계인
이 받은 충격은 실로 엄청났습니다. 9·11 테러 이후 지난 10년 동안
미국에서는 테러에도 견딜 수 있는 안전한 빌딩을 세우기 위해 많은
노력을 기울여 왔습니다. 이를 위해 테러 공격을 예방하거나 피해를
최소로 줄일 수 있는 새로운 설계·시공법이 연구되고 있으며, 기존의
공공건물과 고층 건물의 안전성을 높이는 방법을 놓고 고심하고 있습
니다.

9·11 테러로 붕괴된 뉴욕의 세계 무역 센터는 비행기의 충돌과 폭
발로 붕괴된 것이 아니라 충돌로 인한 화재 때문에 무너진 것으로 알
려졌습니다. 전문가들은 세계 무역 센터 빌딩의 기본 뼈대 기둥은 튼
튼하게 설계돼 있어서 3분의 2가 손실돼도 건물이 무너지지 않는다
고 주장합니다. 따라서 새로 짓는 빌딩은 만일의 테러 공격에도 안전

하도록 비상계단의 위치를 잘 선정하고 계단 통로를 내화성 재질로 해서 화재에 대비해야 한다고 입을 모읍니다.

또한 기존의 센서 대신 어떤 환경에서도 작동되는 새로운 센서를 개발해야 한다고 주장합니다. 일반적으로 센서는 전기 신호에 작동하는 특성을 지니기 때문에 불이 났을 때 온도, 압력, 변형력 같은 신호를 정확히 감지할 수 없어 제구실을 하지 못합니다. 그래서 테러 발생 상황에서도 끄떡없는 광섬유를 이용한 광 통신 센서 개발이 각광받고 있습니다. 광섬유는 우리가 초고속 인터넷망을 구축할 때 쓰는 것으로 미국에서는 광섬유를 이용한 새로운 센서 개발을 위해 항공우주국과 공동 연구를 진행하고 있습니다. 작지만 정확하며 고온과 압력에도 작동되는 센서 개발은 테러에 안전한 건물을 세우는 데 반드시 필요한 요소입니다.

이런 모든 점을 고려해 9·11 테러로 무너진 쌍둥이 빌딩 대신 짓고 있는 새로운 빌딩은 아마도 세계에서 가장 안전하게 설계된 고층 건물이 될 것입니다. 프리덤 타워(Freedom Tower)라 불리는 이 빌딩은 폭발이나 화재뿐만 아니라 화생방 공격 등 일어날 수 있는 크고 작은 테러의 가능성을 고려해 설계됐습니다. 매우 두꺼운 콘크리트와 철근을 사용하고 건물 중심부 벽과 외벽이 거미줄처럼 복잡하게 연결되는 망구조로 설계해 화재에 더 잘 견디도록 했습니다.

프리덤 타워는 7개의 세계 무역 센터 중 처음으로 지어지는 빌딩이

어서 '1WTC'라 불리는데, 여기에 들어가는 예산이 무려 31억 달러나 됩니다. 2013년 완공 예정인 105층 높이의 이 건물은 사방이 모두 하늘을 상징하는 멋진 유리 구조이며, 조각된 안테나가 지붕을 장식할 예정입니다. 그런데 이 건물의 최대 관심은 역시 아름다움보다는 안전성이어서 뉴욕 시 경찰이 요구한 안전 기준에 맞추기 위해 최선을 다했다고 합니다. 무엇보다 안전성에 초점을 맞췄기 때문에 디자인은 논쟁거리가 되기도 했습니다. 둔탁하고 높은 콘크리트 덩어리가 자유를 나타내기보다는 오히려 공포심과 소외감을 자아낸다며 '공포의 타워'라는 별명까지 붙은 것입니다.

프리덤 타워는 강화된 콘크리트로 기초를 이뤘을 뿐만 아니라 그 밖의 여러 측면에서도 안전성이 고려됐습니다. 9·11 테러 때는 화재로 건물이 무너지고 계단 통로가 불길에 싸여 사람들이 대피하지 못해 인명 피해가 더 컸습니다. 이 점을 생각해 건물 안의 승강기와 계단 통로는 모두 화재에 강하고 충격에도 끄떡없는 약 1미터 두께의 강화 콘크리트 벽으로 시공했으며, 계단 통로는 넓고 찾기 쉽게 만들었습니다. 또한 소방관 전용 계단을 따로 설계하고, 화생방 테러에 대비하기 위해 오염된 화학 물질을 분해하는 바이오 필터가 있

2013년 완공 예정인 새로운 세계 무역 센터.

는 환기 장치도 설치했습니다. 건물 윗부분에 난 창문은 폭발에도 견디는 강화 플라스틱으로 특수 제작했습니다.

전문가들은 충분히 빌딩의 기본 구조를 강화시켰으므로 만일의 상황에도 전소가 될지언정 절대 무너지지 않을 것이라고 주장합니다. 새롭게 완공될 세계 무역 센터는 미국에서 가장 높고 안전한 건물이 될 것입니다.

이 건물의 또다른 특징은 자체의 안전성뿐만 아니라 철저한 보안 상태를 유지할 수 있게 설계되었다는 점입니다. 자동차는 건물 지하로 들어가기 전 입구에서 폭발물이나 방사능 물질의 탑재 여부를 검사받으며, 방문하는 사람들은 공항에서 사용하는 검사 시스템을 이용해 일일이 점검을 받습니다. 또 400여 개의 CCTV를 뉴욕 경찰과 연결해 24시간 건물 내부를 감시하는 한편, 별도의 컴퓨터 시스템을 통해 수상한 물건이나 용의자를 알아볼 수 있습니다.

이처럼 안전한 세계 무역 센터는 한편으로는 매우 친환경적인 건물이 될 것으로 보입니다. 건물 꼭대기에서 빗물을 저장해 냉방 시스템에 사용하고, 건물 난방 시스템 배기관에서 나오는 폐 증기와 연료 전지로 전기를 생산합니다. 그 결과 친환경 건축 인증인 LEED(Leadership in Energy and Environment Design)의 금장 인증을 받을 예정이라고 합니다. 9·11 테러로 인한 미국인들의 마음속 상처는 아직 아물지 않았지만 이 빌딩은 뉴욕의 새로운 상징이자 희망으로 떠오를 것입니다.

5 미래의 집을 그리다

미래의 집을 꿈꿔 보는 기분 좋은 상상은 과거부터 이어져 왔습니다. 1957년 미국의 디즈니랜드 안에 섬유 유리로 지어진 '미래의 집'은 그 당시 디즈니랜드 최고의 명소였습니다. 지금은 모든 가정에 있는 전자레인지가 그 당시에는 미래 용품 가운데 하나로 각광받는 신기한 물건이었다고 합니다. 시간을 훌쩍 뛰어넘어 2008년 새로 문을 연 미래의 집은 세계 첨단 회사들의 기술력과 디즈니랜드의 상상력이 결합돼 미래의 주거 생활을 엿보기에 충분합니다.

디즈니랜드 미래의 집은 5,000스퀘어 피트(약 460제곱미터)의 크기에 2,500개 이상의 최첨단 전자 기기와 디스플레이 용품이 가득한 그야말로 꿈의 집입니다. 그중 원하는 옷과 머리 모양, 액세서리 등을 직접 착용하지 않아도 잘 어울리는지 미리 보여 주는 마법의 거울이 가장 돋보입니다. 일일이 입어 보지 않고 가장 좋은 스타일을 고를 수

어느 옷이 가장 잘 어울리는지 미리 보여 주는 마법의 거울. ⓒ Microsoft News Center.

있다니 정말 간편하겠지요? 또 스마트 조리대에는 그 위에 놓인 식품과 요리 기구를 인식해 알맞은 조리법을 알려 주는 기능이 있습니다. 뿐만 아니라 냉장고에 있는 식료품의 종류와 양에 따라 알맞은 요리를 제안하며 필요한 식료품도 주문할 수 있습니다. 식사를 마치고 나면 식탁은 멀티 터치 스크린으로 바뀌어 아이들이 손가락으로 그림을 그리기도 하고 간단한 손동작으로 그 그림을 움직여 자동차 경주 등을 하며 놀 수 있습니다.

　이런 미래의 집은 아직 체험관으로 경험할 수밖에 없지만 머지않은 미래에 우리가 살게 될 집을 상상할 수 있게 도와줍니다.

　미래의 집은 일단 건축 자재부터 많이 달라질 것입니다. 친환경적인 재료와 재활용품이 많이 사용되며, 얇으면서도 단열과 방음이 뛰어난 소재 그리고 시공과 리모델링이 쉽고 가벼운 무게의 소재가 많이 등장할 것입니다. 또한 건축가의 예술적 감각과 까다로운 입주자의 욕구를 수용할 수 있는 다양한 디자인을 가능하게 하는 물리적 특성과 내성이 강한 건축 재료가 개발될 것입니다. 그러기 위해서 고분자 재료 및 탄소 복합 재료 등이 더 많이 쓰일 것이고, 이러한 신소재 건축 재료를 개발하는 데는 나노 과학기술이 절대적으로 필요합니다. 또 이렇게 개발된 신소재를 종전의 건축 재료와 혼합 사용해서 기존 재료보다 훨씬 강하고 내구성 좋은 복합물로 미래의 집을 지을 수 있습니다. 뿐만 아니라 나노 기술을 이용한 나노 코팅이나 나노젤 단열재, 나노 실란트 등을 이용해 더 효율적이고 효과적인 단열재, 방수재, 방음재 등을 만들 수 있습니다.

　미래의 집은 앞서 소개한 셀프 힐링 콘크리트가 사용돼 어느 정도의 균열은 스스로 회복하는 첨단 건물이 될 것입니다. 또한 이런 재료의 표면을 보호, 장식하려면 스스로 상처를 복구하는 페인트가 쓰일 것입니다. 이른바 셀프 힐링 페인트는 벽에 난 흠집을 스스로 치료하고 원래 상태로 복구합니다. 마이크로미터 크기의 미세한 캡슐이 포함돼 있어 흠집이 생기면 그 캡슐 속의 코팅 물질과 촉매제가 흘러나와 서로 섞이고 반응해 흠집 난 부분을 없애 줍니다. 이 스마트 페인트 안에는 수많은 캡슐이 들어 있는데, 그것들이 동시에 터지면서 촉매제와 건조되지 않은 고분자 재료들이 서로 섞이고 반응해 흠집을 메웁니다. 그러고 나서 일정 기간 햇볕에 노출되면 흠집으로 벗겨진 페인트 부분, 즉 끊긴 폴리머 배열을 재구성합니다. 미래의 집은 이 놀라운 페인트 덕분에 주택의 유지·보수에 드는 막대한 시간과 비용을 절약할 수 있습니다.

집 창문 역시 환경과 날씨에 적응하는 스마트 창문으로 빛에 따라 색이 변하는 포토크로믹* 페인트가 적용된 유리가 사용됩니다. 이 유리는 햇빛이 강한 날에는 어둡게 변해 빛과 열의 흡수를 막고 흐린 날에는 투명해져서 많은 빛과 열을 흡수하므로 냉난방 비용을 크게 절약할 수 있습니다.

또한 스마트 창문은 광촉매 물질과 친수성 물질로 코팅되어 있기 때문에 더러워지지 않아 전혀 닦지 않아도 됩니다. 나노 기술로 만든 더러워지지 않는 창문은 이산화티타늄 등의 나노 입자를 코팅해 만든 것으로, 자외선에 의해 전자와 정공을 발생시키고 이 전자와 정공이 산화 환원 작용을 일으켜 불순물을 분해하는 원리입니다. 특히 자외선은 그늘에도 많기 때문에 어떤 환경과 조건에서도 창문을 깨끗하게 유지할 수 있다는 장점이 있습니다.

한마디로 자외선이 창문 유리에 붙어 있던 더러운 찌꺼기를 천천히 분해하고 비가 이를 씻어내기 때문에 창문이 언제나 스스로 청결함을 유지하는 것입니다.

또한 창문 표면을 친수성 소재로 코팅하면 물방울이 모이지 않고 퍼지게 되어, 표면이 젖으면 물방울이 맺히는 대신 얇은 막이 생깁니다. 이렇게 하면 비가 올 때 분해된 불순물을 더욱 효과적으로 씻어 낼 수 있습니다.

미래의 집은 에너지를 직접 생산해 사용할 수 있습니다. 단순히 에너지 효율이 높은 재료를 사용하는 데 그치지 않고 태양 전지로 전

스마트 콘크리트로 지어진 미래의 집은 필요에 따라 창문의 색이 바뀌고, 스스로 깨끗함이 유지되며, 손상된 부위가 스스로 메워진다.

기를 직접 생산하며 대용량 배터리를 이용해 밤에도 충분히 필요한 전기를 공급할 수 있습니다. 태양 전지 판도 지붕 전체를 커다랗게 덮는 지금과는 달리 집 디자인에 어울리는 다양한 모양으로 바뀔 것입니다.

미래에는 최근 개발되고 있는 염료 감응 태양 전지도 더욱 활발히 활용될 것입니다. 그라첼 태양 전지라고도 불리는 염료 감응 태양 전지는 1991년 미카엘 그라첼(Michael Gratzel, 1944~) 박사가 개발한 새로운 형태의 태양 전지입니다. 그라첼 박사는 이 태양 전지로 2010년 밀레니엄 기술상을 받았습니다. 염료 감응 태양 전지는 태양광 흡수 염료, 이산화티타늄 나노 입자, 전해질, 전극 등으로 이루어져 있습니다. 이것은 효율이 높고, 생산하는 데 드는 비용이 저렴합니다. 또한 유연성 기판에 만들 수 있어서 종전의 깨지기 쉬운 실리콘 태양 전지보다 날씨가 좋지 않은 환경에서도 안정적으로 쓸 수 있다는 장점이 있습니다. 특히 다양한 색의 염료를 이용할 수 있어서 스테인드글라스처럼 장식 기능을 할 수 있다는 이점이 있어 미래의 집에 많이 사용될 것으로 보입니다.

미래에는 이런 태양 전지 외에도 연료 전지 등 여러 형태의 친환경 자체 에너지 공급원이 개발될 것이므로 에너지 비용이 크게 줄고 공해 걱정도 사라질 것입니다. 따라서 외부 전기 공급이 중단되는 비상 사태에도 자체 저장 에너지를 써서 생활할 수 있고 잉여 전기로 전기

자동차를 충전할 수도 있습니다.

미래의 집에서 빼놓을 수 없는 것은 집 안 어디에서나 자유롭게 사용할 수 있는 유비쿼터스* 시설과 첨단 기기입니다. 우리가 지금 사용하고 있는 리모컨은 사라지고 음성 인식 시스템으로 집 안 어느 곳에서나 조명, 실내 온도, 전화, 텔레비전 등을 조절할 수 있을 것입니다. 이를테면 "부드러운 음악과 은은한 조명을 부탁해요."라고 말하면 실행되는 가전제품이나 "내가 좋아하는 요리를 준비해요."라고 말하면 실행되는 주방 용품 등이 나올 것입니다. 또 출입할 때에는 열쇠 대신 바이오 정보로 신원을 확인하는 생체 인식 시스템이 보안을 책임질 것입니다. 바이오 인식 시스템은 얼굴, 눈동자, 지문, 음성 등 개인의 독특한 신체 정보로 신원을 확인할 뿐 아니라 그때그때 사용하는 사람의 상태를 파악해 그에 어울리는 조명, 음악, 향기 등으로 집 안 분위기를 조절함으로써 기분을 바꾸어 줄 것입니다.

3D 대형 모니터와 서라운드 사운드 및 홈 시어터가 갖춰진 미디어 룸에서는 3차원 가상 현실로 게임을 하거나 미술관과 박물관을 방문하고 여행도 할 수 있게 됩니다. 심지어 가상 현실 기술을 이용해 직접 백화점 쇼핑을 하는 것처럼 실시간으로 백화점 직원과 대화하며 원하는 물건을 고르고 주문할 수도 있을 것입니다.

벽 전체가 디스플레이 기능을 하는 방.
ⓒ Microsoft News Center.

　침실은 자동으로 온도·습도·조명이 조절되는 최적의 쉼터가 되고, 벽 전체가 플렉서블 디스플레이로 꾸며져 그때그때 분위기나 필요에 따라 벽 색깔과 배경 화면을 마음대로 바꿀 수 있습니다.

　욕실은 편안하고 청결한 공간이 될 것입니다. 일반 샤워기의 10분의 1 정도의 물로 충분히 샤워할 수 있는 친환경적 안개 샤워기가 설치될 것이고, 마이크로 크기의 물방울이 나오는 고압 샤워기가 몸동작을 포착해 골고루 물을 뿌려 줍니다. 욕실 거울은 샤워 직후에도 뿌옇게 되지 않습니다. 차가운 거울 표면은 덥고 습한 공기를 만나면 수천 개의 작은 물방울이 응집돼 빛을 산란시켜 뿌옇게 변하는데, 스마트 거울은 일반 유리에 실리카 나노 입자가 들어 있는 고분자 재료로 특수 코팅해서 물방울이 표면에 모이지 않고 퍼지게 하므로 더 이상 빛을 산란시키지 않습니다. 스마트 거울은 또한 뉴스나 날씨 정보 등을 알려 주는 디스플레이 기능까지 갖추게 될 것입니다.

　미래에는 화장실 변기와 바닥 표면을 특수 성분으로 코팅한 셀프 클리닝(self- cleaning) 화장실이 탄생할 것입니다. 화장실 스위치를 켜면 화장실 표면에 코팅돼 있는 이산화티타늄 같은 나노 입자들이 빛으로 활성화돼 스스로 청소가 될 것입니다. 이는 셀프 클리닝 창문처럼 빛이 나노 입자에 닿으면 공기나 수증기와 반응해 그 위의 불순물

을 빠른 속도로 분해하는 원리를 이용한 것입니다. 원래 이산화티타늄은 자외선에 활성화되지만 미래에는 실내등에도 반응하는 새로운 나노 입자가 개발돼 실내등 하나로 화장실뿐만 아니라 집 안 구석구석이 자동으로 청소될 것입니다.

스마트 세탁기는 물과 전기를 절약하는 친환경 모델로 옷의 종류에 관계없이 빠른 시간에 세탁을 끝낼 것입니다. 물론 세탁 시작 및 종료 등의 정보를 스마트 폰으로 실시간 전송하는 것은 기본입니다.

한편 미래의 집에는 멋진 스타일의 기능성이 강조된 가구가 많이 활용될 것입니다. 자석을 이용해 공중에 뜨는 의자나, 빠른 시간 안에 숙면을 취하게 해서 피로를 풀어 주는 스마트 슬리핑 캡슐, 누우면 각자의 몸 윤곽에 맞게 변하는 매트리스도 상상해 볼 수 있습니다.

그런가 하면 도시에 사는 사람들은 거주 공간을 극대화하기 위해 다양한 방법을 생각해 낼 것입니다. 가구를 간편하게 이동시킬 수 있게 해 특별한 모임에 필요한 공간을 확보하거나 버튼 하나로 움직이는 벽으로 인해 새로운 공간이 생길 수도 있을 것입니다.

지금까지 미래의 집 구석구석을 상상해 보았지만, 여기에는 아직도 채워야 할 상상의 여백이 많이 남아 있습니다. 그 여백은 바로 여러분의 상상력과 노력으로 채워질 것입니다. 지금 이 책을 읽는 여러분이 바로 '미래의 집'의 주인입니다.

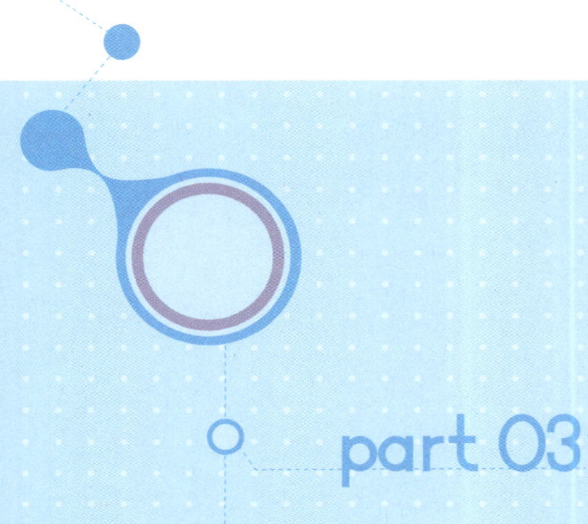

part 03

패션, 최첨단 과학으로 완성되다

패션은 끝없이 진화한다

나뭇잎에서 우주복까지…… 그다음은?

인간은 언제 처음으로 옷을 입었으며 또 과연 어떤 옷을 입었을까요? 이에 대해서는 다양한 학설과 추측이 있는데, 『성경』을 보면 최초의 인류인 아담과 이브가 선악과를 따 먹고 눈이 밝아져 수치심을 가리기 위해 무화과 나뭇잎을 엮어 치마로 삼았다는 기록이 나옵니다. 여기서 치마란 띠를 동이듯 앞만 걸쳐 입는 정도를 뜻합니다. 두 사람이 에덴동산에서 나올 때는 가죽옷을 입었다는 기록도 있습니다. 또 다른 학자들은 약 3~4만 년 전 크로마뇽인이 빙하기 추위를 견디기 위해 짐승의 털가죽으로 몸을 가린 것이 옷의 기원이라고 주장합니다.

인간이 언제부터 어떤 옷을 입었는지 정확히 알 수는 없지만, 옷을 입게 된 이유는 어렵지 않게 생각해 볼 수 있습니다.

첫째, 인간은 자연과 외부 환경으로부터 자신을 보호하기 위해 옷을 입었습니다. 옷으로 추위와 더위 그리고 외부의 위험으로부터 몸을 보호했습니다. 나아가 옷을 입어서 능률적으로 일할 수 있었고, 속옷과 겉옷을 나누어 입어 청결을 유지했습니다.

둘째, 옷은 입는 사람의 지위나 소속 등을 나타내는 사회적 기능을 했습니다. 예를 들어 군복이나 제복을 입은 사람을 보면 한눈에 그 사람이 무슨 일을 하는지 알 수 있습니다. 뿐만 아니라 때와 장소에 걸맞은 옷차림은 예의를 표현하기도 합니다.

셋째, 옷은 입는 사람의 개성을 표현하는 주요 수단이었습니다. 만일 오직 몸을 가리거나 보호하기 위해서만 옷을 입는다면 한두 벌 정도면 충분할 것입니다. 하지만 우리의 옷장에는 종류별, 색깔별로 많은 옷이 걸려 있습니다. 옷은 그것을 입은 사람의 개성을 표현하고, 나아가 다른 사람들에게 멋지게 보이고 싶은 욕구를 충족시키는 주요 수단입니다. 잘 갖춰 입은 옷은 그 사람의 첫인상을 결정짓는 중요한 요인이 될 뿐만 아니라 인성과 능력까지 드러내는 역할을 합니다. 따라서 정치인이나 유명인은 약점은 감추고 장점은 잘 드러나도록 하기 위해 전문가의 도움을 받아 전략적으로 옷을 입기도 합니다.

지금은 인간의 몸을 보호하는 옷의 실질적 기능에서 나아가 아름다움을 돋보이게 하는 옷의 미적인 기능이 더욱 강조되는 시대입니다. 옷을 입는 사람의 필요와 욕구 그리고 여기에 디자이너의 창작력이 결합돼 패션 산업은 눈부시게 발전했고, 더욱더 창의적이고 아름다운 옷들이 탄생하기에 이르렀습니다. 또한 인간의 예술적 영감을 옷에 접합시킨 디자이너들이 나타나면서 패션은 예술의 한 부분으로 발전했습니다. 물론 패션 디자이너가 만든 옷이 모두 예술 작품은 아니지만, 패션이 시대의 미적 가치와 작가 정신을 표현하는 수단이 됐다는 점은 분명합니다.

이제 패션은 같은 시대를 살아가는 사람들에 대한 이해와 문화 그리고 예술 감각까지 보여 주는 등 다양한 역할을 하고 있습니다. 옛날 사람들은 현대의 패션을 상상이나 했을까요? 상상도 못할 소재와 다양한 디자인으로 입는 이의 개성을 한껏 살리고 아울러 다양한 기능까지 갖춘 옷이 나오고 있습니다. 앞으로 맞이하게 될 우주 시대에는 과연 어떤 패션이 유행할지, 생각만으로도 흥미롭습니다.

혁명을 일으키는 섬유

인류 역사에서 가장 오래전에 사용된 옷감은 자연에서 얻은 것들이었습니다. 가장 오래된 마직물은 기원전 3000년경 고대 이집트의 무덤에서 발견된 미라가 입고 있던 아마포 옷입니다. 여기에서 발굴된 벽화에는 아마를 재배하는 방법과 아마 껍질로 옷감 만드는 방법 등이 자세히 묘사돼 있다고 합니다. 아마는 열전도성이 좋고 촉감이 차가워 여름철 옷감으로 좋지만 구김이 잘 가는 게 흠입니다. 이집트의 전통적인 마직 기술은 점차 지중해 문화권으로 건너가 더욱 섬세하고 품질 좋은 옷감으로 발달했고, 18세기 말 면직물이 공업화될 때까지 오랫동안 사용됐습니다.

천연섬유에는 면이나 마, 삼과 같은 식물 섬유와 양모나 캐시미어, 낙타털, 견섬유 등의 동물 섬유 그리고 석면 같은 광물 섬유 등이 있습니다. 이런 천연섬유는 자연 상태에서 얻어져 비교적 단순한 공정으로 방직을 할 수 있어 오래전부터 사용돼 왔습니다.

이후 과학기술이 발달하면서 섬유 가공 기술도 눈부시게 발전합니다. 합성염료와 방적기, 염색기 등의 개발로 섬유 산업은 기계화되었고, 18세기 중엽 영국 산업혁명의 핵심이 되었습니다. 또 실크에 대한 동경은 인조 견사인 레이온의 개발로 이어졌고, 기존 섬유의 단점을 보완하려는 과학적 노력으로 여러 가지 합성섬유가 만들어졌습니다. 합성섬유는 천연섬유소를 사용하지 않고 화학적으로 합성한 물질을 원료로 만드는 것으로 나일론, 폴리에스테르, 아크릴 등이 있습니다.

1938년 미국의 듀퐁 사에서 개발한 대표적인 합성섬유인 나일론은 '거미줄보다 가늘고 강철보다 강하며 실크보다 아름다운 섬유'라는 칭송을 받았습니다. 값싸고 가볍고 질긴 나일론은 혁명적이라고 할 만큼 급격한 옷의 변화를 가져왔고 빠른 속도로 의류 시장을 차지했습니다.

새로운 섬유 개발과 가공법은 과학기술과 함께 빠른 속도로 발전해 왔습니다. 이제는 옷감의 소재에만 변화가 있는 것이 아니라 다양한 기능을 첨가한 기능성 섬유도 나오고 있습니다. 더욱더 좋은 소재와 편리한 기능을 원하는 소비자들의 필요와 과학자들의 노력으로 탄생한 기능성 섬유와 그 놀라운 기능을 알아보겠습니다.

2 기능성 섬유 안에 과학이 숨어 있다

더 실용적이고 기능적인 옷을 원하는 소비자들의 바람으로 새로운 기능을 갖춘 섬유가 경쟁적으로 개발되고 있습니다. 더욱이 친환경적이고 건강에 좋은 소재에 대한 관심이 높은 요즘, 섬유 본래의 특성을 유지하면서도 단점을 개선하거나 새로운 기능을 첨가하려는 노력이 많이 이뤄지고 있습니다. 이 분야에 대한 연구과 시장성은 무궁무진하다고 할 수 있습니다.

2001년 파리의 한 기관에서 미국과 유럽의 소비자들을 대상으로 실시한 조사를 보면 가장 많은 소비자들이 '다림질이 필요 없는 옷'을 원하는 것으로 나타났습니다. 그만큼 당시에는 옷 관리에 필요한 시간과 수고를 들이는 데 불만이 많았다는 뜻일 것입니다. 하지만 지금은 다림질할 필요 없이 말려서 바로 입고 나갈 수 있는 구김 방지 셔츠가 보편화됐고, 방수·방오·구김 방지 기능을 갖춘 옷도 쉽게 찾아볼 수 있습니다.

이 밖에도 운동할 때 땀을 잘 흡수하거나 배출하는 소재에서부터 잘 마르고 서늘함을 유지하는 소재, 얼룩지거나 색이 바래는 것을 막는 소재, 습기를 없애는 나쁜 냄새를 없애는 소재 등이 개발돼 우리 생활에서 쓰이고 있습니다. 여기에서는 우리가 잘 아는 기능성 옷감의 몇 가지 편리한 기능을 살펴보고 그 안에 숨은 재미있는 과학 원리를 알아보겠습니다.

과학자들은 왜 연꽃잎에 주목했을까?

야외 활동을 할 때 가장 많은 영향을 미치는 것은 아무래도 날씨입니다. 만약 완벽하게 방수가 되는 천이 있다면 등산이나 골프, 낚시 등 여러 가지 레저 용품을 만드는 데 유용할 뿐만 아니라 산업 전반에 걸쳐 쓰임새가 무궁무진할 것입니다.

방수가 잘되는 천을 개발하기 위해 과학자들은 먼저 자연에 주목했습니다. 이른바 '생체 모방 과학'으로서 과학자들은 동물이나 식물 등 살아 있는 생명체에서 배우고 이를 모방해 많은 발명품을 만들어 냈습니다. 레오나르도 다빈치가 새의 날개를 본떠 하늘을 나는 기구를 디자인한 것이 생체 모방 과학의 좋은 예입니다.

방수 옷감을 만들기 위해 과학자들이 주목한 것은 연꽃잎이었습니

연잎 표면의 미세 돌기 위에 맺힌 물방울들은 초소수성을 띤다. © William Thielicke.

다. 연잎 표면에는 셀 수 없이 많은 돌기가 나 있는데, 각각의 돌기를 확대해 보면 돌기 위에 수많은 수백 나노미터의 미세 돌기들이 나 있는 이중 구조로 돼 있습니다.

이렇게 연잎 표면에 있는 수많은 미세 돌기가 물이 연잎과 접촉하는 각도를 크게 만들어 주기 때문에 연잎 위에 물이 떨어지면 퍼지지 않고 물방울 형태를 유지합니다. 물을 싫어하는 이런 표면의 성질을 '소수성'이라고 하는데, 연잎은 물방울과 표면이 접촉하는 각도가 150도 이상으로 소수성 가운데서도 초소수성을 띱니다.

이런 연잎의 성질을 이용해 과학자들은 방수 효과가 뛰어난 옷감을 개발했습니다. 또한 연잎에 물방울이 굴러떨어질 때 그 위에 붙어 있던 작은 먼지까지 함께 떨어뜨린다는 점에 주목해 스스로 깨끗함을 유지하는 자기 세정 효과를 지닌 옷감도 개발했습니다.

연잎 표면의 돌기처럼 나노 크기의 입자를 코팅해 옷을 만든다면 비가 내려도 물이 스며들지 않고 혹시 실수로 물을 쏟더라도 그냥 툭툭 털어 내면 되니 참 간편할 것입니다. 하지만 아직까지는 연잎 효과*가 오래 지속되지 못하는 점, 옷감의 색상이나 촉감을 좋게 만드는 기술적인 문제, 제품 생산에 드는 높은 비용 등 개선해야 할 점이 많이 남아 있습니다.

그런데 이 풀기 어려운 과제에 도전한 과학자가 나타났습니다. 아무리 방수 기능이 뛰어난 옷이라도 오랫동안 물에 담가 두면 젖을 수밖에 없는데, 스위스 취리히 대학의 한 화학자가 절대 물에 젖지 않는 새로운 소재를 개발한 것입니다. 이는 폴리에스테르 섬유를 수백만 개의 아주 작은 실리콘 필라멘트로 코팅한 것인데, 이 옷감에 물을 떨어뜨리면 물방울이 옷감 위에 둥근 공 형태로 머물러 있다가 수평에서 2도 정도만 기울이면 굴러떨어진다고 합니다. 은 쟁반에 옥구슬이 구르는 것처럼 물줄기가 떨어져도 옷감에 스며들기는커녕 자국도 남지 않는 것입니다.

이 놀라운 방수 능력의 비밀은 바로 실리콘 나노 필라멘트에 있습니다. 40나노미터 크기의 필라멘트로 구성된 침 모양 구조는 연잎의 수많은 미세 돌기처럼 작용해 옷감 위에서 방수 효과를 일으킵니다. 그래서 물이 떨어져도 나노 필라멘트 사이로 스며들지 못하고 미세 침 모양의 필라멘트 끝에 물방울이 맺힙니다. 이 침의 구조가 워낙 촘촘하기 때문에 그 밑에 있는 폴리에스테르 섬유는 젖지 않는 것입니다. 스위스 연구팀은 소수성을 지닌 표면과 침과 같은 나노 구조의 코팅이 복합적으로 특수 방수 효과를 가져온다고 설명합니다. 또한 실리콘 나노 필라멘트는 필라멘트와 필라멘트 사이에서 공기를 빨아들여 공기층을 형성하는데, 바로 이 공기층도 옷감 조직에 스며드는 물을 막아 줍니다. 이 신소재로 옷감을 만들면 물에 두 달이나 담가 둬도 젖지 않는다고 하니 이 놀라운 발명품은 우리 생활에 유용하게 쓰일 것입니다.

이 새로운 코팅 방법은 실리콘을 가스 형태로 증발시켜 옷감 위에 얇은 막으로 입혀 나노 필라멘트 형태를 이루게 하는 것으로 폴리에스테르뿐만 아니라 울과 인조 견사, 면에도 적용할 수 있습니다. 기존의 방수성 코팅 옷감은 서로 마찰되면 방수 기능이 떨어지고 오래 지속되지 못하는데, 이것은 일부러 매일 세탁하지 않는 한 방수 능력이 오래 유지된다고 합니다.

숨을 쉬는 옷

영국의 배스 대학과 런던 패션 대학은 온도의 변화에 따라 숨을 쉬는 옷감을 공동 개발했습니다. 이 옷감은 환경이 달라지면 기능도 바뀝니다. 즉, 주변 환경이 더워지면 섬유 조직이 열리고 추워지면 섬유 조직이 닫히는 옷감입니다.

숨을 쉬는 옷 역시 생체 모방 과학의 좋은 예로 과학자들은 소나무의 솔방울을 관찰해 이것을 만들었습니다. 솔방울은 나무에 달려 습기가 있을 때는 씨를 안에 품고 있지만 땅에 떨어져 말라 버리면 표면의 뾰족한 층이 벌어져 씨가 밖으로 나옵니다. 숨 쉬는 옷감의 표면은 가느다란 가시 모양의 울로 덮여 있고 안쪽 층은 물을 빨아들이는 재질로 돼 있습니다. 그래서 입는 사람이 땀을 흘리면 안쪽 층에서는 땀을 흡수하고 바깥의 가시 층이 열려서 공기가 통하면서 서늘해집니다. 반대로 옷감 안쪽 층이 건조해지면 외부의 가시 층이 닫혀서 체온이 빠져나가지 않게 보온을 합니다.

이 옷감이 널리 쓰인다면 혹독한 온도 변화에도 대응하는 기능성 옷을 만들 수 있습니다. 아침저녁으로 기온 차이가 심한 지역에서도 여분의 옷을 가지고 다닐 필요 없이 한 벌로 효과를 볼 수 있어 편리할 것입니다. 또한 여기에 방수 기능까지 더해진다면 등산복이나 군복으로도 활용될 수 있습니다.

울의 화려한 변신

울은 대표적인 천연섬유로 꼬불꼬불하고 부드러워 보온성이 좋기 때문에 1990년대 초반까지 많이 사용됐습니다. 하지만 무겁고 보풀이 잘 일어나는 단점이 있습니다. 또 대표적인 소수성 섬유로 물을 싫어하는 특징이 있습니다. 그래서 물을 흡수하지도, 땀을 밖으로 내보내지도 못합니다. 소수성이기 때문에 염색도 쉽지 않으며 다른 기능을 천연 울 소재에 첨가하는 것도 쉽지 않았습니다. 거기에 물이나 알칼리성 세제에 수축하기 때문에 반드시 드라이클리닝을 해야 하는 등 관리가 쉽지 않아 점차 가볍고 부드러운 화학섬유에 밀려나는 추세입니다.

이런 상황에서 중국의 사이언스 아카데미는 울 섬유에 아주 얇게 실리카 코팅을 한 초친수성 울 섬유를 개발하는 데 성공했습니다. 물을 싫어하던 울을 친수성 소재로 바꿔 염색하기 쉽고 다른 기능을 첨가하기도 훨씬 쉬워졌다고 합니다.

실리카 나노 입자 코팅은 투명하고 화학적으로 안정적이어서 오래돼도 색이 변하지 않는다는 장점이 있습니다. 기존의 울이 지녔던 단점을 없애고 기능성을 첨가한 것으로 물빨래를 할 수 있으면서도 줄어들지 않는 획기적 울을 개발한 것입니다. 이런 울로 보온성은 유지되면서도 땀이 잘 흡수되거나 배출되는 기능성 제품을 만들 수 있다고 합니다. 또한 새로운 울 소재로 스포츠 용품이나 속옷 및 침구 세트 등을 만들 수 있으며, 특히 습도가 높은 지방에서 인기가 많을 것으로 기대합니다. 하지만 한 가지 과제가 남아 있습니다. 실리카 코팅과 울 섬유의 접착력을 더욱 높여 매일 입어도 기능성이 유지되도록 하는 것입니다.

방귀 냄새도 잡아 주는 속옷

점잖은 자리나 공공장소에서 갑자기 나오는 방귀만큼 사람을 난처하게 만드는 일도 없습니다. 소리는 감춘다 해도 냄새는 어찌할지 정말 난감한 일이 아닐 수 없습니다. 그런데 방귀 냄새를 잡아 주는 속옷을 개발한 사람이 있습니다. 미국의 발명가 벅 위머는 아내를 위해 방귀 먹는 속옷을 개발해 2001년 이그노벨상(Buck Weimer)을 받았습니다. 노벨상을 풍자해서 만든 이그노벨상은 기발한 아이디어로 큰

웃음을 준 사람들에게 주는 상으로 해마다 하버드 대학교 샌더스 극장에서 시상식이 열립니다.

만성 장염을 앓고 있던 이 발명가의 아내는 방귀를 참기 힘들어 곤란한 경우가 한두 번이 아니었다고 합니다. 벅 위머가 그런 아내를 위해 만든 이 속옷은 항문 근처에 세모 모양의 플라스틱 포켓을 달아 방귀가 나올 때 이 부분을 통과하게 했습니다. 포켓 안의 탄소 필터가 방귀 냄새를 흡수해 냄새가 새지 않게 하는 것입니다.

그런가 하면 두 달 동안 빨지 않아도 되는 속옷도 개발됐습니다. 항박테리아 처리를 하고 항취 기능을 첨가한 특수 소재로 만든 우주인용 속옷입니다. 이 속옷은 며칠 동안 입어도 냄새가 나지 않을 뿐만 아니라 기분 좋은 착용감을 유지할 수 있다고 합니다. 빨래를 할 수 없는 우주에서는 며칠씩 입은 속옷을 버리는 것이 관행이라고 하는데, 갈아입지 않아도 청결함이 유지되는 속옷이 있다면 정말 편리할 것입니다. 이 속옷은 우주인을 위해 만들었기 때문에 가격은 비싼 편이지만 앞으로 이 원리를 일반에 적용한다면 많은 사람들이 편리하게 이용할 수 있을 듯합니다.

이 밖에도 입으면 몸에 좋은 기능성 소재의 옷감이 많이 개발되고 있습니다. 건강에 대한 관심이 높아져 가는 요즘 생명공학 기술을 도입해 건강 섬유를 만들려는 연구가 활발합니다. 입기 좋을 뿐만 아니라 건강까지 챙겨 주는 옷을 만들려는 이들의 노력이 다양한 아이디어 상품을 낳고 있습니다. 먼저 옷감의 느낌을 더 부드럽게 하기 위해 알로에 베라나 천연 양이온성 고분자인 키토산을 첨가한 옷감이 있는데, 아이들 옷을 알로에 베라가 첨가된 실로 만들면 피부 각질이 생기는 것을 막을 수 있습니다. 또 셀룰라이트를 줄여 주는 물질이 함유된 소재로 만든 옷을 입으면 노화 방지에 효과가 있다고 합니다. 그런가 하면 비타민 E가 포함돼 상처 치료에 도움을 주는 옷, 은 나노 같은 항균 물질을 첨가해 세균 번식을 막아 주는 항균 옷, 혈액 순환이 잘되게 하거나 세포 생성을 도와주는 물질이 처리된 옷 등을 만드는 연구도 진행 중입니다.

'필요는 발명의 어머니'라는 말처럼 기능성 옷감은 사람들의 다양한 요구를 충족시키기 위해 개발됐고, 앞으로도 사람들의 상상력과 필요에 따라 더욱더 많은 기능성 옷감이 탄생할 것입니다. 뭔가 새로운 기능성 옷감의 개발에 도전하고 싶다면 일상생활에서 불편한 점이 무엇인가를 고민하는 데서 출발하면 좋습니다. 옷을 입으면서 느꼈던 불편함이나 번뜩 떠오르는 기발한 아이디어가 있다면 따로 적어 두는 습관이 중요합니다. 깊이 잠들 수 있게 하는 잠옷이라든가 입으면 살이 빠지는 옷, 젊어지는 옷 또는 머리가 맑아지는 모자나 두통을 없애 주는 모자 등이 나오면 좋겠습니다.

과학의 발전에 맞춰 고기능 섬유가 더 많이 개발되면 세탁기나 다리미, 세제 등이 전혀 필요 없는 날이 올지도 모릅니다.

3 하이테크 섬유
시대를 맞다

그동안 사용해 온 천연섬유와 합성섬유를 넘어 이제 신소재 하이테크 섬유의 시대가 왔습니다. 하이테크 섬유는 기존의 섬유 생산 방식이 아니라 새로운 과학기술이 결합돼 사람 몸에 더 이롭고 친환경적이며 고성능·고기능을 갖춘 첨단 섬유를 말합니다. 세계적으로 이러한 차세대 고기능 섬유의 개발이 경쟁적으로 이뤄지고 있습니다. 섬유의 고부가 가치화를 위한 연구는 섬유 선진국으로 가기 위해 거쳐야 할 필수 과정입니다.

하이테크 섬유로는 비행기나 우주선, 방탄복, 산업용 등에 쓰이는 고강도의 초내열성을 갖춘 섬유들이 있습니다. 이것은 경찰관이나 소방관, 군인처럼 매우 위험한 임무를 수행하는 사람들에게 없어서는 안 될 유용한 소재입니다. 이런 소재들은 가볍지만 질기고 열에도 강해서 사람의 몸을 위험으로부터 보호합니다. 이제 대표적인 하이테크 섬유를 살펴보겠습니다.

아라미드 섬유는 열에 강하고, 인장강도*와 강인성 및 높은 탄성률을 갖춘 섬유로 항공 우주 분야나 군사용으로 많이 사용됩니다. 5밀리미터 정도 굵기의 가느다란 실이지만 2톤 자동차를 들어 올릴 수 있을 만큼 강도가 세고, 아무리 힘을 쥐도 잘 늘어나지 않는 것이 장점입니다. 섭씨 500도가 넘을 때에만 검게 탄화할 뿐 불에 타거나 녹지 않는 놀라운 내열성을 갖춘 아라미드 섬유는 방탄 재킷이나 방탄 헬멧 등을 만드는 데 사용됩니다.

케블라 역시 아라미드 섬유의 한 종류로 미국의 듀퐁 사에서 개발했습니다. 원래는 경주용 자동차 바퀴의 와이어 대신 사용하기 위해 개발했는데 매우 가볍고 같은 무게로 비교했을 때 철보다 5배나 강한 성질을 가졌습니다. 케블라는 나일론에 견줄 만큼 놀라운 섬유로 평가받고 있습니다. 황산 용액에서 액정 방사*한 고강력 섬유로 진동 흡수력이 뛰어날 뿐만 아니라 화학 용품에도 잘 견디는 인조 섬유입니다. 특히 불에 강해서 불이 붙더라도 번지지 않고 스스로 꺼져 방화복이나 방탄복을 만드는 데 많이 사용합니다. 케블라는 다른 섬유와 혼합해서 쓸 수도 있어, 구멍이 나지 않는 자전거 타이어부터 불에 타지 않는 매트리스에까지 다양하게 쓰입니다. 또한 실이나 종이 형태로도 생산할 수 있습니다.

역시 듀퐁 사에서 개발한 노멕스 섬유는 열과 불, 화학 약품에 강해 비행기 부품이나 공업 자재로 많이 쓰입니다. 이 섬유는 오래 사용해도 닳지 않고 많이 빨아도 마모되지 않습니다. 열에 강하고 녹지 않으며 불에 타지 않는 성질을 이용해 다른 물질과 섞어 여러 가지 제품을 만듭니다. 주로 경주용 자동차나 모터사이클 선수의 경기복을 만들 때 사용됩니다. 또한 강하고 안정성이 우수해서 장갑이나 셔츠, 바지, 신발 등을 만드는 데도 쓰입니다.

슈퍼패브릭은 때가 잘 타지 않고 마모가 안 되며 손상 등에 잘 견디는 단단한 재질입니다. 이것은 칼이나 날카로운 금속, 철사, 유리 등에 찔리거나 스쳤을 때 몸을 보호하는 데도 효과적입니다. 위험한 일을 하는 곳에서는 슈퍼패브릭으로 만든 장갑으로 손을 보호합니다. 슈퍼패브릭 소재는 병원에서 폐기물을 다룰 때나 주삿바늘에 뚫리지 않는 장갑을 만드는 데 사용되며, 경찰이 범인을 체포할 때 사용하는 장갑을 만들 때도 쓰입니다. 착용감과 통풍성이 좋은 슈퍼패브릭은 불에 견디는 다른 섬유와 혼합해 경

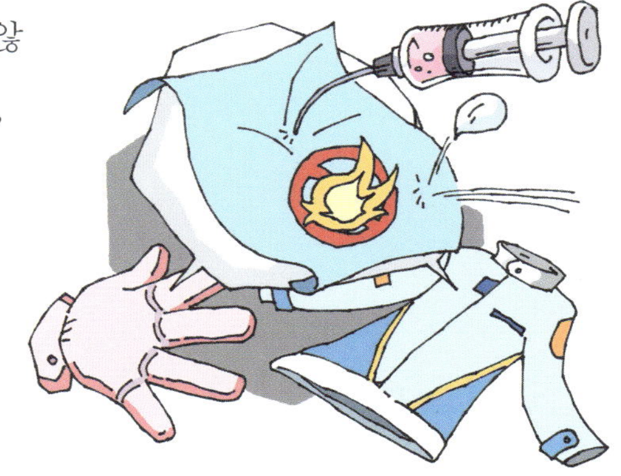

찰관, 군인이 입는 옷을 만드는 데도 사용됩니다.

이 밖에도 100퍼센트 방수 가공 처리된 '심파텍스'라는 섬유가 있습니다. 심파텍스는 물이나 바람은 철저히 막으면서도 통풍은 잘되는 기능성 섬유입니다. 외부에서는 물이 절대 스며들지 않는데, 섬유 안쪽에 밴 땀이나 수증기는 바깥으로 내보내는 기능이 있습니다. 방수 성능이 지속될 뿐만 아니라 오래 사용해도 흠집이 잘 나지 않는 장점이 있어 극지방 탐험가나 전문 산악인, 군인 등의 신발을 만드는 소재로 사용됩니다.

벡트란은 고온에서 매우 안정적이고 강도가 높으며 화학 용품이나 습기에도 잘 견뎌 극한의 환경에서 일하는 사람들의 옷을 만들기에 알맞은 슈퍼 섬유로 손꼽힙니다. 여기에 폴리우레탄 코팅을 하면 마모에 잘 견디고 물이 스며드는 것도 막아 줍니다. 벡트란은 고온과 자외선에 강해서 1997년 화성에 보낸 패스파인더 호의 탐사 로봇이 안전하게 착륙할 때 사용한 에어백을 만드는 데 쓰였습니다. 또 우리가 잘 아는 배드민턴 줄도 벡트란으로 만듭니다. 벡트란은 내구성이 뛰어나고 나일론보다 훨씬 가볍습니다.

탄소섬유는 탄소 성분이 95퍼센트 이상인 섬유로 에디슨이 전구 필라멘트를 발명할 때 대나무를 태워서 만든 것이 시초입니다. 탄소섬유가 공업적으로 제조되기 시작한 것은 1959년으로 유기 섬유를 비활성 기체 속에서 가열, 탄화해 만들었습니다. 탄소섬유는 가벼우면서도 강도와 탄성률이 뛰어나 항공기 부품, 테니스 라켓, 골프채 같은 스포츠 용품이나 악기, 인공 관절 등의 재료로 널리 사용되고 있습니다.

이와 같은 하이테크 섬유로 만들어진 옷은 전자파나 방사능을 차단하고, 유해 환경에서 사람을 지켜 주며, 여러 가지 위험한 임무를 수행하는 데 큰 역할을 합니다.

이 밖에도 모양을 기억하는 형상 기억 기능, 나노 물질로 코팅돼 온도에 따라 색이 변하거나 조건에 따라 다른 반응을 나타내는 똑똑한 기능을 갖춘 '스마트 섬유'들이 속속 개발되고 있습니다. 이런 최첨단 섬유를 개발하려면 섬유 기술 외에도 나노 과학기술, 환경 기술, 우주 항공 기술, 생명공학 기술, 정보 기술 등을 결합해야 합니다. 여러 가지 과학기술의 접목으로 점점 새로운 섬유들이 탄생할 것이며 그 가능성은 무궁무진합니다.

하이테크 섬유로 만든 옷.

4 전자 섬유로 최첨단 예술을 창조하다

전자 섬유(e- textile)는 전자회로를 심은 섬유를 말하는 새로운 용어로 '스마트 섬유'라고도 합니다. 앞서 살펴본 섬유들이 여러 가지 기능을 갖춘 신소재 섬유를 말하는 수동적 개념이라면 전자 섬유는 섬유에 컴퓨팅이나 센싱(sensing), 커뮤니케이션, 에너지 하베스팅(energy harvesting) 등의 기능을 결합한 좀 더 적극적인 개념입니다.

전기가 통하는 고분자 스마트 옷감으로 온도가 올라가는 양말을 만들 수 있고, 몸을 따뜻하게 하거나 시원하게 하는 등 날씨 변화에 자동적으로 반응하는 스마트 재킷도 개발할 수 있습니다. 또 센서가 결합된 스마트 옷감으로 위험한 냄새를 감지하거나, 청각장애인을 위해 LED로 위험을 알려 주거나, 시각장애인에게 위험 요소를 소리나 피부 자극으로 알려 주는 옷을 만들 수 있습니다. 옷감을 만들 때 전자 통신 기술, 나노 기술, 바이오 기술, 환경 기술까지 결합해 이제껏 우리가 상상도 못했던 놀라운 기능을 갖춘 옷을 창조하는 것입니다.

앞으로 스마트 섬유 시장은 매우 빠르게 성장할 것입니다. 2011년 2,782억원 정도로 급성장한 스마트 섬유 시장은 2016년까지 전체 섬유 시장의 23퍼센트를 차지할 것

전자 섬유로 만든 의류.

으로 전망되고 있습니다. 폭발적으로 늘어나는 스마트 폰과 마찬가지로 스마트 섬유의 사용도 급속히 늘어날 것으로 보입니다. 센서를 비롯한 다른 전자 부품이 점점 작고 가벼워지면서 기능은 좋아지기 때문에 스마트 섬유와의 결합 가능성이 높아지고 있습니다. 또한 다양한 소프트웨어와 어플리케이션, 무선 통신 기능의 발전에 발맞춰 스마트 섬유의 활용도는 점점 높아질 것으로 보입니다.

전자 섬유의 등장으로 패션과 과학의 결합은 절정을 이루고 있으며, 많은 예술가들에게 창조적 영감을 불어넣고 있습니다. 뉴욕, 파리, 런던 등 세계적인 패션 도시를 중심으로 패션과 과학이 결합된 다양한 작품이 쏟아져 나오고 있습니다. 패션 디자이너와 패브릭 디자이너들은 과학기술을 겸비한 새로운 창작품을 경쟁적으로 선보이며,

이들의 작품은 패션쇼에서 그치지 않고 아트 갤러리에서도 전시됩니다. 상당수의 패션 디자이너들이 미디어 아트나 비주얼 아트를 공부해 자신의 분야를 넓히고 있습니다. 이들이 표현하는 아름다움은 패션 자체일 뿐만 아니라 미디어 아트나 설치 미술, 비디오 아트 등 여러 장르를 두루 섭렵하는 매우 예술적이고 실험적인 것입니다. 이들은 레이저 빔, LED, 센서, 블루투스, 배터리, mp3 플레이어 등 첨단 기술을 스마트 옷감에 결합해 최첨단 예술을 창조하고 있습니다.

무궁무진한 스마트 섬유의 세계

시중에 판매되는 스마트 옷감 제품을 소개하자면, 먼저 이탈리아 유명 패션 브랜드에서 만든 아이재킷(I- Jacket)이 있습니다. 이 제품은 고감도 원단으로 만든 기능성 재킷으로 소매에 휴대전화나 음악을 들을 수 있는 조절 장치가 내장돼 있습니다.

또한 재킷 칼라 안에 블루투스 회로와 통합된 마이크가 있어 휴대전화를 꺼내지 않아도 통화할 수 있습니다. 그런데 음악을 크게 듣고 있을 때 전화가 걸려 오면 어떻게 알까요? 벨이 울리면 자동적으로 음악 소리가 줄어 전화가 왔음을 알리고, 소매에 부착된 터치 센서 키보드가 자동적으로 전화 기능으로 바뀐다고 합니다.

이 제품은 조절 장치를 따로 옷감에 단 게 아니라 엘렉센 사에서 개발한 '엘렉텍스'라는 옷감을 이용한 것입니다. 이 스마트 섬유는 마이크로 나일론으로 돼 있어 감촉이 부드럽고 열을 차단하며 재킷 안감이 물에 젖는 것을 막아 주는 방수 기능도 있습니다.

이처럼 여러 디지털 기기를 조절하는 장치를 거추장스럽게 옷에 다는 것이 아니라 옷의 일부로 만들기 때문에 재킷을 여러 가지 디자인으로 만들 수 있다는 장점이 있습니다. 하지만 가격은 아직 비싼 편이어서 2007년 이 재킷이 나왔을 때의 가격은 무려 200만 원이 넘었습니다.

사실 이 스마트 재킷이 옷과 디지털 기기가 결합된 최초의 제품은 아니었습니다. 2006년에 다른 회사에서 비슷한 제품을 내놓았지만 휴대전화를 받는 기능은 없었다고 합니다.

이제 스마트 옷감은 패션 분야에서 획기적으로 영향을 끼치고 있으며 새로운 도전이 계속 이어지고 있습니다. 앞으로 패션 디자이너들의 아름다운 예술 감각과 혁신적인 과학기술이 결합돼 패션계에 새로운 바람이 불 것입니다. 아름답고도 편리한 기능을 갖춘 옷이 저렴하게 보급되면 새로운 시장이 열릴 것이기 때문입니다.

밤에도 환히 빛나는 옷

밤에 산책을 하거나 자전거를 타 본 적이 있다면 밤에도 환히 빛나는 옷이 있으면 좋겠다는 생각을 했을 것입니다. 어두운 곳에서 빛을 내는 옷을 개발한 곳은 맨체스터 대학 재료과의 '윌리엄 리 이노베이션 센터'입니다. 전기 발광 실로 옷감을 만들고 배터리로 빛을 내는 원리를 적용한 것입니다. 이들은 어두운 곳에서 일하는 청소부나 위험한 도로에서 작업하는 사람, 구조대를 위해 특수한 옷을 개발했다고 합니다.

전기 발광 실로 만든 옷. © Project Runway All Stars.

이전에는 이런 종류의 특수 의류가 대부분 형광 물질로 돼 있어 오래 입으면 옷감의 형광 물질이 사라지는 단점이 있었습니다. 그런데 맨체스터 대학 연구진이 개발한 옷은 특수한 실로 만들었기 때문에 계속 빛을 낼 수 있다고 합니다. 이 특수한 실은 전기에 의해 빛을 내는 잉크로 코팅돼 있어서 전기 신호를 주면 빛을 냅니다. 그래서 형광 물질로 만든 옷에 비해 더 오래 입을 수 있고 더 밝은 빛을 낸다는 장점이 있습니다. 또한 배터리로 전력을 공급해 지속적으로 빛을 내는 방식이기 때문에 앞으로 쓰임새가 많아질 것으로 보입니다. 빛을 내는 옷은 일반 섬유에 비해 아직은 조금 딱딱한 편이지만, 기존의 빛을 전달하는 광섬유보다 훨씬 부드러워 옷을 만들기 쉽다는 장점도 있습니다.

생명을 보호하는 에어백 재킷

모터사이클, 승마, 스키 등을 즐기는 사람들에게는 안전을 지켜 주는 보호 장구가 반드시 필요합니다. 에어백 재킷도 힘과 속도가 넘치는 스포츠를 좀 더 안전하게 즐기도록 하기 위해 개발됐습니다.

오토바이는 기동성은 좋지만 자동차와는 달리 사고가 났을 때 운전자를 보호해 주는 장비가 없어 큰 부상으로 이어지는 경우가 많습니다. 1995년 켄지 타쿠치(Kenji Takeuchi)가 발명한 에어백 재킷의 원리는 자동차의 에어백과 같습니다. 사고가 났을 때 재킷 전체가 에어백이 돼 운전자를 보호하는 것입니다. 이 재킷은 특히 척추와 목 부상을 막는 데 큰 효과가 있습니다.

어떤 날씨에도 안전하고 편하게 입을 수 있는 에어백 재킷은 오토바이를 타는 경찰관들을 위해 처음 개발됐습니다. 이미 브라질, 이탈리아, 일본, 스페인 등에서 경찰에게 보급돼 안전하게 임무를 수행하는 데 큰 도움을 준다고 합니다. 기존 경찰복에 비해 부상을 줄여 주는 이 재킷의 효과는 이미 검증됐습니다. 특히 목 부상의 경우 골절이나 척추 손상 등 중상으로 이어질 뻔한 사고가 가벼운 부상으로 그친 사례가 많았다고 합니다.

일반 재킷은 소재가 부드러워 입기 편하지만 잘 찢기고 충격을 막

사고가 났을 때 운전자를 보호하는 에어백 재킷 | 재킷이 부풀어 오르면서 목, 등, 가슴, 꼬리뼈, 엉덩이, 팔꿈치 부분을 보호한다.

아 주지 못합니다. 그렇다고 재킷을 갑옷처럼 딱딱하게 만들면 직접적인 충격은 막아 준다 해도 옷을 입은 사람에게 그 충격이 고스란히 전달될 것입니다. 그래서 에어백 재킷은 바깥은 내구성 소재로 돼 있고, 안은 부드러운 소재를 사용해 몸을 감싸 주게 했습니다. 그리고 그 사이에 에어백 쿠션을 넣어 사고가 났을 때 운전자의 목과 팔꿈치, 어깨, 척추 등을 보호하게 합니다.

에어백을 부풀게 하는 작동 원리는 매우 간단합니다. 오토바이와 재킷이 선으로 연결돼 있고, 오토바이가 충격을 받으면 선이 재킷 안에 있는 가스를 방출하는 키를 잡아당깁니다. 그러면 비활성 가스가 나오면서 에어백이 터져 운전자를 보호하는 것입니다. 에어백 재킷은 충격 후 0.5초 안에 자동으로 부풀어 오르게 돼며, 한 번 사용한 에어백은 가스를 빼낸 뒤 새 카트리지를 달아 다시 쓸 수 있다는 것이 장점입니다.

에어백 재킷은 현재 특수 업무를 수행하는 경찰관에게만 보급되지만, 앞으로는 승마나 스키, 사이클 등의 스포츠 의류로도 활용될 것으로 보입니다.

이와 비슷한 제품으로 스웨덴 대학생 두 명이 석사 학위 논문 프로젝트로 개발한 에어

에어백 헬멧.
© Hövding Sverige AB.

백 헬멧이 있습니다. 재킷의 칼라 부분에 에어백을 장착해 사고가 나면 부풀어 올라서 모자처럼 머리를 감싸게 만든 이 헬멧은 아주 강한 나일론으로 만들어져서 아스팔트에 긁혀도 찢기지 않는다고 합니다.

에어백은 평상시에 칼라 부분에 접혀 있다가 사고가 나면 등 쪽 칼라에 부착된 작은 가스통에서 헬륨 가스가 나오면서 0.1초 만에 부풀어 오릅니다. 즉, 사고가 나면 자이로스코프 *와 가속도계 센서가 운전자의 비정상적인 움직임을 감지해 가스통에 신호를 보내고, 그러면 헬륨 가스가 나와 에어백 헬멧이 부풀어 오르게 되는 것입니다. 이렇게 부풀어 오른 에어백은 천천히 꺼집니다. 에어백 헬멧도 여러 번의 충격에 견딜 수 있게 디자인됐습니다.

그런가 하면 에어컨과 히터 기능을 갖춘 스마트 재킷도 개발돼 미국에서 판매되고 있습니다. 오토바이는 승용차와 달리 기온 변화에 속수무책인데, 스마트 재킷은 운전하는 사람의 필요에 따라 찬 바람이나 더운 바람을 재킷에 공급해 준다고 하니 참 편리합니다. 재킷의 온도 조절 비결은 바로 오토바이 뒷좌석에 있습니다. 에어컨과 히터 기능을 하는 조그만 박스를 오토바이 뒤쪽에 달고 스마트 재킷 안에 튜브로 끌어다가 더운 바람이나 찬 바람을 공급하는 원리입니다.

에어컨의 경우 미국항공우주국에서 개발한 고체 기술 덕분에 아주 작고 가볍게 만들 수 있었다고 합니다. 비록 크기는 작지만 이 에어컨은 에너지 효율도 좋고 환경에 나쁜 가스가 나오지 않게 설계됐습니다. 앞으로 오토바이뿐만 아니라 스노모빌과 산악 자동차에도 부착할 수 있을 것입니다. 심한 추위나 무더위에도 상관없이 스포츠를 즐길 수 있다니 인기 있는 발명품이 될 듯합니다.

충전하는 비키니 수영복

여성들의 관심을 끌 만한 발명품도 나왔습니다. 바로 태양광 비키니입니다. 태양 전지로 여성이 즐겨 입는 비키니 수영복을 만든 획기적인 제품입니다. 앤드류 슈나이더라는 디자이너가 만든 이 작품은 뉴욕 대학의 인터랙티브 커뮤니케이션 프로그램에 의해 탄생했습니다. 비키니 수영복을 충전하는 방법은 간단합니다. 그냥 비키니를 입고 편히 누워서 햇볕을 흠뻑 받기만 하면 됩니다. 그러면 그 사이 모아진 태양에너지로 스마트 폰이나 다른 디지털 기기를 충전할 수 있으니 수영복 자체가 태양광 전지 판이 되는 셈입니다.

선탠을 즐기는 동안 휴대폰을 충전하는 비키니 수영복.
© Solar Coterie.

수영복 표면은 가로 25.4밀리미터, 세로 101.6밀리미터 크기의 태양 전지로 덮여 있습니다. 이 수영복은 신축성 있는 얇은 태양 전지 40개를 연결해 만들었습니다. 각각의 태양 전지를 연결하기 위해 전기가 통하는 실을 사용했고, 수영복 위에 USB 연결 단자를 만들어 디지털 기기를 사용할 수 있습니다.

사실 디자이너의 처음 의도는 스마트 폰을 충전하려는 것이 아니었습니다. 원래는 바닷가에서 맥주를 차갑게 마시기 위해 제품을 개발했는데, 태양광 비키니로는 소형 냉장고를 가동시키기에 충분한 전기를 생산할 수 없자 소형 디지털 기기 충전용으로 용도를 바꾼 것입니다.

태양광 비키니에는 전기에너지를 저장하는 배터리가 장착되지 않아서 수영을 할 수는 있지만, 수영할 때는 전자 제품을 충전하면 안 됩니다. 그리고 수영을 하고 난 뒤에는 물을 잘 말린 뒤 충전해야 합니다.

게다가 값도 비싼 편이어서 새로운 제품에 열광하는 몇몇 사람들에게만 주문 판매되고 있습니다. 이처럼 아무리 좋은 아이디어라도 완벽한 제품으로 대중에게 보급되려면 더 많은 과학적 고민이 따라야 하고 가격 면에서도 상품성이 따라 주어야 합니다.

그런데 앤드류 슈나이더는 맥주를 차갑게 해 주는 수영복을 만들겠다는 꿈을 여전히 버리지 못했다고 합니다. 비키니 수영복보다 더

많은 광전지 셀이 들어가는 바지를 만들어 야외에서도 음료수를 차
갑게 즐길 수 있게 할 계획이라고 합니다. 아무튼 이 디자이너의 과학
적 도전에 박수를 보내고 싶습니다.

안테나 옷을 입은 사람

1888년 독일 물리학자 하인리히 헤르츠(Heinrich Hertz)가 만든 모
든 무선 통신 장비의 필수 요소 안테나는 많은 곳에 쓰입니다. 이제
는 스마트 폰 안에 장착될 정도로 크기가 작아지고 성능은 좋아져
무선 통신의 효율을 좌우합니다. 음성만 송수신하던 무전기 안테나
가 지금은 위성 위치 확인 시스템, 블루투스, 무선 랜 또는 와이파이
와 자료 등을 송수신하는 여러 가지 기능을 하고 있습니다.

오하이오 주립대 연구진은 안테나를 옷에 직접 통합한 '입는 안테
나'를 만드는 기술로 관심을 모으고 있습니다. 이 기술은 플라스틱 필
름이나 금속 실을 이용해 안테나를 옷에 심는 것으로 현재 군인이 사
용하는 것보다 성능이 4배나 좋은 안테나를 만들 수 있다고 합니다.
이렇게 안테나가 통합된 옷감으로 군복을 만들면 군인들의 기동성이
좋아지고 작전 수행 능력도 높아질 것으로 보입니다. 사실 군인, 특히
보병들은 작전 때 가지고 다니는 무거운 짐이 부담인데 안테나를 따
로 들고 다니지 않아도 된다면 좋을 것입니다.

연구진은 옷감에 안테나를 결합했을 뿐만 아니라 모든 방향에서 통신을 주고받을 수 있는 새로운 통신 시스템까지 개발하고 있습니다. 빌딩 또는 엘리베이터 안에서는 통신의 질이 떨어지는데 옥외 안테나를 설치하지 않고도 충분히 통신할 수 있는 시스템을 만들겠다는 것입니다. 이 새로운 통신 시스템은 안테나가 눈에 띄지 않는 스마트 폰과 비슷한 점이 있습니다. 일반적으로 안테나와 피부가 접촉할 경우 피부가 전파를 흡수하기 때문에 감도가 떨어집니다. 하나의 예로 최근 일부 아이폰 제품에서 전화기의 한 부분에 손이 닿으면 안테나 수신 감도가 떨어지는 문제가 생겼습니다. 이런 일명 '데스그립'이라는 문제를 해결하기 위해 제조사 측에서는 소비자들에게 무료로 범퍼를 제공했습니다.

새로 개발된 안테나는 이런 문제가 생기지 않도록 안테나 한 개를 옷에 부착하는 게 아니라 여러 개를 사용해 송수신 효율을 높이도록 했습니다. 그래서 안테나 옷을 입은 사람이 어디를 가든 어떤 환경에서든 송수신을 원활히 할 수 있습니다. 게다가 컴퓨터 조

과학자가 안테나를 옷감에 결합하는 모습.
ⓒ Al Zanyk.

절 장치가 있어서 여러 개의 안테나 가운데 가
장 송수신이 잘되는 안테나를 골라 연결시켜 준
다고 합니다.

연구진은 이를 위해 FR- 4라는 플라스틱 필
름으로 안테나를 아주 얇게 만들었는데, 이 플라스틱 필름은 매우 가
볍고 유연성이 좋아 옷감에 같이 박아 넣을 수 있다고 합니다. 필름
안테나는 가슴, 등, 양쪽 어깨 등 네 부분의 옷감 안쪽에 부착되었습
니다. 또한 신용카드보다 약간 작은 크기의 컴퓨터 조절 장치를 벨트
에 달아 네 개의 안테나 중 가장 수신 감도가 좋은 안테나를 선정한
다고 합니다.

입는 안테나는 기존에 사용하던 휩 안테나*보다 성능이 4배나 뛰
어나다고 합니다. 군인들로서는 통신 안테나를 따로 들고 다니지 않
아도 되고 감지력은 더욱 향상되었으니 일석이조라 할 수 있습니다.

다른 한편에서는 과학자들이 안테나를 옷감 안에 결합해 만드는
것보다 더 진보된 기술을 연구하고 있습니다. 옷에 로고를 프린트하
듯 직접 안테나를 프린팅하는 기술과 금속 실을 이용해 옷에 박거나
새겨 넣는 기술입니다. 이와 같이 획기적인 안테나가 탄생한다면 가벼
워서 착용감도 좋을 것이고, 안테나가 있는지 없는지 구별할 수 없어
보안을 유지할 수 있습니다.

현대전에서 군인에게 총알만큼이나 중요한 것이 바로 믿을 만한 통

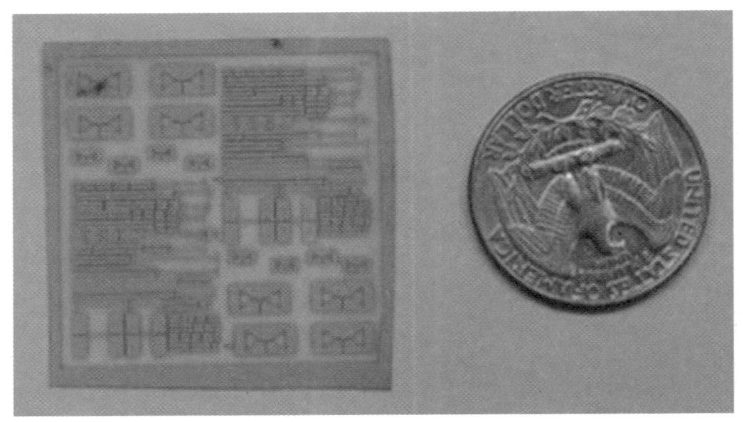

초고속 멀티미디어 통신을 위해 개발 중인 120GHz 밀리파 마이크로스트립 안테나.
© Andy Blanchard.

신 수단입니다. 기존의 휩 안테나는 거추장스러울 뿐 아니라 쉽게 노출되고 커뮤니케이션 링크를 안정적으로 제공하지 못한다는 단점이 있었습니다. 특히 군인들이 손으로 들고 다니는 라디오 무선기는 엎드린 자세에서는 사람의 몸에 의해 전파가 자주 차단되는 단점이 있습니다. 그렇기 때문에 어디서나 어떤 자세에서도 자유롭게 통신할 수 있는 입는 안테나의 개발은 획기적인 발명이 될 것입니다.

이 개발이 성공하면 음성뿐 아니라 군인의 헬멧에 연결된 비디오 장치로 비디오 정보까지 주고받을 수 있습니다. 또한 현재의 위치를 알려 주는 위성 위치 확인 시스템(GPS) 시그널까지 같은 안테나를 통해 주고받을 수 있습니다. 그렇게 되면 작전 중 헬멧 카메라에 잡히는 위치와 상황을 아군에게 보낼 수 있고, 동료 군인들의 정보를 실시간으로 공유할 수 있어 전투력을 크게 높일 수 있습니다.

그런가 하면 안테나 군복은 군인의 팔에 부착된 스마트 폰 터치 스크린과도 연결해서 사용할 수 있습니다. 스마트 폰의 GPS 센서를 이용해 서로의 위치를 확인하며 통신할 수 있고 스마트 폰 안에 있는 지도에 위치를 실시간으로 업데이트할 수 있기 때문에 작전 중 위험 상황을 미리 알려 주고 대처할 수 있습니다. 이러한 기술은 영화 속에나 나올 법한 먼 미래의 이야기가 아니라 충분히 가능한 현재의 이야기입니다. 또한 전방에 있는 군인뿐만 아니라 장비의 무게를 줄여야 하는 소방관이나 경찰관, 재난 구조단 그리고 광산이나 유전, 우주 등 위험한 곳에서 일하는 사람들에게 꼭 필요한 기술이 될 것입니다.

현재의 안테나를 더욱 작게 만들려면 나노 과학기술이 필요합니다. 과학자들은 마이크로스트립 안테나를 개발하기 위해 노력하고 있습니다. 개미보다 작은 크기의 마이크로스트립 안테나는 소형 평면 안테나로 많은 양의 정보를 다루는 극초단파와 밀리파 송수신에 필수적이며 소형 무선 통신 기기에 많이 쓰입니다. 극초단파는 우리가 일반적으로 보는 초단파 텔레비전 채널보다 훨씬 많은 텔레비전 채널을 송신할 수 있

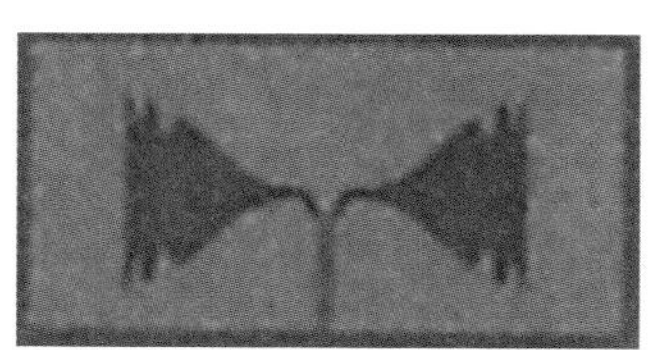

개미보다 작은 마이크로스트립 안테나의 모습.
© Andy Blanchard.

는 장점이 있고, 밀리파는 고속 데이터 통신이 가능해 많은 양의 정보를 보낼 수 있어 앞으로 여러 종류의 멀티미디어 송신에 널리 이용될 것으로 보입니다.

납작한 모양의 마이크로스트립 안테나는 인쇄 기술로도 쉽고 값싸게 만들 수 있는 장점이 있으며 가벼우면서도 견고합니다. 또 유연 기판 위에서도 쉽게 제작할 수 있어 옷에 적용하기 쉬운 장점이 있으며, 다른 마이크로 전자 직접 회로(IC) 소자나 유연 전기 소자들과도 쉽게 결합해서 제작할 수 있어 작고도 효율 높은 다기능 소자를 만들 수 있습니다.

원격 의료 시대를 앞당길 스마트 환자복

지금까지 살펴본 대로 스마트 옷감이란 사람이 입을 수 있는 모든 재질에 전자공학 또는 전자 기술 등 첨단 과학을 결합한 똑똑한 옷감을 말합니다. 건강에 대한 관심이 높은 요즘에는 여러 가지 센서나 디지털 장치를 결합한 스마트 옷감을 보건 의료 분야에 적용하려는 움직임이 많아지고 있습니다.

의료 분야에서 스마트 옷감이 사용되는 유럽연합(EU) 국가의 협력 사례로 스페인의 한 대학에서 개발한 스마트 티셔츠가 있습니다. 환자의 몸을 진단, 관찰하는 이 셔츠는 환자의 체온과 심장 박동 수, 위

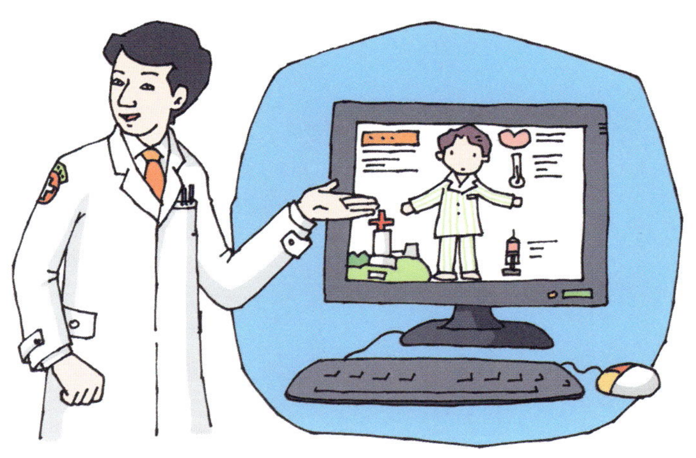

스마트 환자복 | 입는 센서 안쪽에는 전극과 센서가 들어 있어 환자 몸 곳곳의
정보를 감지한다.

치, 자세, 활동성 등을 멀리서도 모니터할 수 있습니다. 이 옷에는 심
장 박동에서 나오는 전기 신호를 감지하는 센서 외에도 가속도를 측
정하는 가속도계, 온도계, 환자의 자세와 활동성을 알려 주는 센서
등이 달려 있습니다. 그러므로 이 옷만 입고 있으면 병원 내 환자의
바이탈 사인을 알 수 있을 뿐만 아니라 환자가 누워 있는지 앉아 있
는지 운동을 하는지 등도 모니터해 줍니다.

현재는 환자의 위치를 알려 주는 범위가 2미터 정도여서 병원 안에
서만 사용할 수 있는데, 앞으로 정확도를 더 높여 먼 거리에 있는 환
자를 모니터할 수 있도록 개선 중이라고 합니다. 이를 위해 개발·시

범 단계에서 많은 병원 의료진과 협력해 제품의 기능을 향상시키고 있습니다.

이들이 만든 시험 제품은 빨 수 있고 착용감도 좋다고 합니다. 이 기술은 앞으로 브래지어나 속옷 등에도 적용할 수 있을 것입니다. 이들의 최종 개발 목표는 환자의 심장 박동 수가 정상보다 빨라지거나 체온이 떨어지는 등 좋지 않은 상태가 되면 자동으로 알람이 울려 의료진에게 알리는 시스템을 개발하는 것입니다.

이런 스마트 환자복이 상용화되려면 먼저 입고 관리하기 좋은 섬유 제품이 개발돼야 하고, 옷감에 부착된 센서의 크기가 변형이 되어도 기기 성능이 떨어지지 않게 해야 하며, 고감도 센서를 옷감에 결합시키는 기술도 필요합니다. 무엇보다 작고 민감한 센서가 개발돼야 합니다. 파스처럼 몸에 붙이는 센서 등 민감도가 좋은 나노 센서를 만들어야 하고, 이를 실시간으로 빠르게 송신할 수 있는 통신 장치도 필요합니다. 수년 안에 이런 여러 종류의 센서 장치 4억 개 이상이 상용화할 것이라고 합니다. 지금 나와 있는 센서는 90퍼센트 이상을 운동선수나 헬스 전문인이 사용하고 있고 단 10퍼센트 정도만 의료 분야에서 이용되고 있는 실정입니다. 하지만 앞으로는 IT 기술의 발전으로 의료용 입는 센서 장치가 빠른 속도로 보급될 것으로 보입니다.

광섬유로 만든 센서는 피 속의 산소량을 측정하고 MRI 검사 중인 환자의 상태를 실시간으로 모니터할 수 있게 합니다. MRI 검사 때에는 전기 신호를 이용하는 일반 센서는 자기장의 영향을 받기 때문에 사용할 수 없었는데, 광섬유로 만든 바이오센서는 아무 지장 없이 이용할 수 있는 장점이 있습니다. 또 환자의 혈액, 당분, 땀이나 소변의 성분까지 알아낼 수 있는 고감도 소형 센서가 개발되면 초기 단계에서부터 몸의 이상을 감지해 병이 악화되는 것을 예방할 수 있습니다.

머지않은 미래에 완성될 입는 센서는 적외선, 블루투스, 와이파이 등 무선 통신 기술과 결합해 환자의 정보를 의료 기관에 보내 환자를 관리하는 원격 의료*의 필수 아이템이 될 것입니다. 입는 센서에 GPS 장치와 무선 통신 장치까지 결합돼 모든 환자 정보를 멀리서도 모니터하고 실시간으로 병원에서 정보를 주고받는 놀라운 시대가 올 것입니다. 이렇게 되면 환자 입장에서는 심장 박동 수나 여러 생체 기능을 검사하는 거추장스러운 장치를 몸에 달고 있지 않아도 되니 편리하고, 꼭 입원하지 않아도 자신의 상태를 병원에서 실시간으로 모니터할 수 있기 때문에 안심입니다. 또한 응급 사고가 났을 때 자동으로 병원 모니터링 시스템에 연락해 환자와 가장 가까운 곳에 있는 의료진이 빠른 시간 내에 환자에게 달려올 수 있습니다. 이런 센싱 기술과 정보 통신 기술의 결합은 원격 의료 시대를 여는 데 반드시 필요합니다.

또 육체적 건강뿐만 아니라 심리 상태까지 모니터할 수 있게 되면 환자뿐만 아니라 군인이나 파일럿 등 전문 인력의 심리 상태도 살펴서 스트레스로 인한 사고를 크게 줄일 수 있습니다. 입는 센서는 환자복뿐만 아니라 과학적으로 관리해야 하는 운동선수나 스트레스 등의 관리가 필요한 전문인, 소방대원 등 위험한 임무를 수행하는 사람들에게 유용하게 쓰일 것입니다.

무궁한 상상력을 실현하는 스마트 신발

앞에서 스마트 섬유로 만들어진 다양한 옷을 살펴봤는데 이것이 다가 아닙니다. 이제 패션 아이템으로 빠져서는 안 되는 신발에 놀라운 기능을 첨가하는 과학자들의 노력과 재미있는 상상력을 소개해 보겠습니다.

'인간은 살아 있는 훌륭한 에너지원이다.'라는 생각에서 걸을 때 전기를 생산하는 파워 슈즈가 개발됐습니다. 인간이 빨리 달리면 1킬로와트의 에너지를 생산할 수 있는데, 문제는 그 운동에너지를 어떻게 저장할 수 있는가 하는 점입니다. 걸을 때 생기는 운동에너지를 모아 사용할 수 있으면 스마트 폰, 노트북 등 모바일 전자 기기를 자유롭게 충전할 수 있을 것입니다. 여기서 가장 필요한 것이 운동에너지를 전기에너지로 바꾸는 기술입니다.

미국의 위스콘신 메디슨 대학 연구진은 걸을 때 생기는 운동에너지를 신발 안에 모아 둘 수 있는 장치를 개발했습니다. 우리가 걸을 때 생기는 에너지는 보통 열로 발산되는데, 연구진은 이 에너지를 모아 20와트나 되는 전기에너지로 바꾸고 이 전기에너지를 저장하는 충전 가능한 배터리를 만들었습니다. 이것은 매우 작은 수천 개의 유체 방울이 나노 구조와 반응해 기계적 에너지를 전기에너지로 바꾸는 미세 유체 채널 장치입니다. 이 정도의 전력이면 간단한 전자 제품 대부분을 충전하기에 충분하며, 기존의 배터리처럼 전기에너지를 재충전할 필요 없이 계속 걸어 에너지를 만들 수 있다고 합니다.

신발 속의 배터리는 물이나 먼지에 오염되지 않게 잘 봉합해야 합니다. 그리고 전자 기기에 전력을 공급하려면 선을 연결해야 하는데 그 연결 방법으로 전류가 잘 통하는 섬유 또는 무선으로 공급하는 방법을 찾고 있다고 합니다. 이 신발은 스마트 폰에 직접 전력을 공급할 수도 있고 스마트 폰의 에너지 소모량을 줄여 주는 와이파이 핫스팟 역할을 할 수도 있을 것으로 기대됩니다. 연구진은 현재 이 기술을 상용화하기 위해 노력하고 있습니다.

사실 스마트 폰이나 노트북 컴퓨터는 배터리에 많이 의존하기 때문에 충전을 할 수 없는 산이나 오지에서 사용하기에 불편한 점이 있으며, 또 몇몇 국가에서는 충전할 때 돈을 받기도 합니다. 이 신발이 완성되면 배터리가 차지하는 무게가 7~8킬로그램 이상 되는 군 장비 무게를 눈에 띄게 줄일 수 있습니다. 물론 이 기술이 기존 배터리를 완전히 대체하지 않지만, 새로운 배터리를 개발하거나 기존 배터리를 생산하는 데 필요한 비용이나 물질, 공해 등을 줄이는 효과가 있어 보완 역할을 잘 할 것으로 보입니다.

이 밖에도 미래에는 신소재를 이용해 여러 가지 첨단 기능으로 무장한 신발이 나올 것입니다. 이를테면 1990년대 영화 〈백 투 더 퓨처〉에 나오는 미래의 신발처럼 자기 발에 맞게 크기가 조절되는 신발이라든가 어두운 곳에서 조명이 빛나는 멋진 신발을 기대해도 좋을 듯합니다. 하나의 크기로 자신의 발에 꼭 맞게 사이즈가 조절되는 신발이 나온다면 경제적일 뿐만 아니라 히트 상품이 될 것입니다. 아직까지는 사람의 발 크기와 모양에 맞춰 자동으로 조절되는 신발이 개발되지 않았지만, 그래도 미래의 신발을 만들기 위한 기술은 진보하고 있습니다. LED 발광 소자가 달려 있어 신발을 누르면 LED가 빛을 내는 신발은 이미 시판 중인데, 한 번 충전으로 적어도 5시간 정도 사용할 수 있습니다. 하지만 한정

자신의 발 크기에 맞게 조절되는 신발.

판매여서 가격이 매우 비싸다고 합니다.

　이 밖에도 발목이나 관절 등에 충격을 주지 않으면서 높이 뛰어오를 수 있게 하는 신발이나 굽 높이가 자유자재로 조절돼 키높이 깔창이 필요 없는 신발, 폐순환 기능과 에너지 소비량을 늘려 다이어트 효과가 있는 신발 등이 나오는 것은 이제 시간문제입니다. 공상과학영화에 나오는 첨단 기기가 현실에서 하나하나 실현되는 요즘, 이제는 미래의 신발을 개발하기 위해 여러분이 직접나서야 할 것 같습니다.

영화 속 상상이 미래의 옷에서 실현되다

미래의 옷을 상상할 때 좋은 재료가 되는 것은 영화입니다. 인간의 상상력을 바탕으로 한 영화는 앞으로 발전할 과학의 모습을 미리 보여 주는 좋은 도구입니다. 스파이더맨이나 슈퍼맨 등 공상과학 영화에 나오는 주인공들의 공통점은 초능력을 돋보이게 하는 특수 옷을 입고 있다는 것입니다. 총칼에도 견디고 불 속에서도 끄떡없는가 하면 거미줄을 쏘아 빌딩 사이를 날아가는 스파이더맨은 얼마나 멋진가요? 과학자들은 이 이야기를 현실로 만들기 위해 미래 신소재 개발에 주목하고 있습니다.

탄소 나노 튜브는 나노 과학기술 가운데 바텀업(bottom- up) 기술로 만들어진 신소재입니다. 물질은 구성 원자와 분자들의 배열 상태에 따라 성질이 달라집니다. 바텀업은 바로 원자와 분자를 사람이 원하는 대로 재배열해 새로운 소재를 만드는 것입니다. 이렇게 얻은 신

탄소 원자 6개가 모여 육각형이 되고 여러 개의 육각형이 모여 얇은 벌집 모양의 면을 형성한 그래핀. © Alexander Alus.

소재는 지금까지 없었던 놀라운 기능을 갖췄을 뿐 아니라 인류에게 혁신적인 미래를 가져다줄 꿈의 소재가 되기 때문에 과학계의 관심이 매우 높습니다.

예를 들어 연필심과 다이아몬드는 모두 탄소 원자로 구성돼 있지만 두 물질의 원자 배열은 매우 다릅니다. 원자의 배열 구조에 따라 하나는 연필심이 되고 다른 하나는 다이아몬드가 되는 것입니다. 그래서 이론적으로만 보자면 원자와 분자를 재배열할 수 있는 기술과 그것을 정교하게 다룰 수 있는 기구가 있으면 연필심의 원자를 재배열해

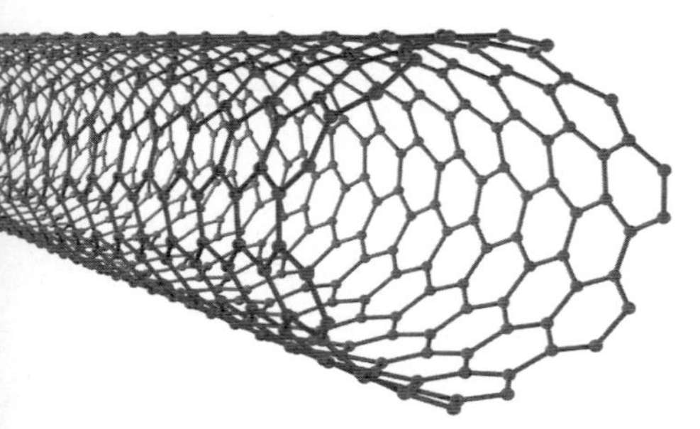

얇은 그래핀을 빨대 모양으로 만 탄소 나노 튜브. © Begemotv 2718.

다이아몬드를 만드는 것도 생각해 볼 수 있습니다.

탄소 나노 튜브는 자연 상태의 물질이 아니라 사람이 인위적으로 만든 신소재입니다. 탄소 원자 6개가 모여 육각형이 되고 여러 개의 육각형이 모여 얇은 벌집 모양의 면을 형성하는데, 이것을 그래핀 (graphene)이라고 합니다. 그리고 얇은 그래핀을 말아 빨대 모양으로 만든 것이 바로 탄소 나노 튜브입니다.

그런데 말이 쉽지 눈에 보이지도 않는 원자를 재배열하고, 그것으로 튜브를 만든다는 것이 얼마나 힘들까요? 그런데도 현재 많은 나라에서 이 기술에 주목하는 이유는 철보다 수백 배나 강하면서도 무게는 거의 나가지 않는 탄소 나노 튜브의 놀라운 특성 때문입니다. 이렇게 놀라운 특성을 지닌 신소재로는 실처럼 가느다란 밧줄을 만들어 자동차나 엘리베이터를 끌어당길 수 있고, 아주 얇고 가볍지만 찢어지지 않는 특수한 옷을 만들 수도 있습니다.

꿈의 소재를 보여 준 스파이더맨

영화에서 스파이더맨이 입은 옷은 얇고 가벼우며 활동적인 데다가 악당의 칼날 공격에도 끄떡없습니다. 탄소 나노 튜브를 잘 개발하면 바로 그런 꿈의 소재가 될 수 있습니다. 불과 50년 전만 해도 많은 사람들은 나노 기술을 믿지 않았습니다. 하지만 나노 과학자들은 목수가 나무, 돌, 유리 등으로 집을 짓듯이 원자와 분자를 원하는 형태로 조합, 정렬해 신소재를 개발할 수 있다고 믿습니다. 이 영화 같은 이야기가 이제는 현실화되고 있으며, 많은 나라에서 나노 기술을 미래 국가 발전의 원동력으로 보고 아낌없는 노력과 투자를 하고 있습니다. 전 세계의 수많은 과학자들이 지금 이 시간에도 탄소 나노 튜브를 비롯한 여러 종류의 신비한 신소재의 특성을 연구하며, 그것을 과연 어디에 어떻게 활용할 수 있을지 실험하고 있습니다.

호주 대학 항공기계과 연구팀은 탄소 나노 튜브로 방탄복을 만들 수 있다고 「나노 테크놀로지」 학술지에 보고했습니다. 탄소 나노 튜브로 티셔츠처럼 가볍고 얇지만 총알을 여러 번 맞아도 견디는 방탄복을 만들 수 있다는 것을 컴퓨터 시뮬레이션으로 보여 주었습니다. 이들의 연구 결과에 따르면 초속 1,500미터로 날아간 다이아몬드로 만든 총알이 탄소 나노 튜브에 의해 튕겨져 나갔다고 합니다. 보통 권총에서 발사된 총알의 속도가 초속 1,000미터라는 걸 생각하면 충분히 방탄 기능을 할 수 있음을 알 수 있습니다.

또 최근에는 호주·미국·한국 공동 연구팀이 방탄복을 만들 수 있는 고분자 복합 섬유를 개발했다고 「네이처 커뮤니케이션」 학술지에 보고했습니다. 이 고분자 복합 섬유는 그래핀과 탄소 나노 튜브를 섞어 만든 것으로 종전의 방탄복 소재인 케블라보다 훨씬 더 강한 특성이 있다고 합니다. 아직 복합 섬유로 옷감을 짜는 과정이 남아 있지만, 새로 개발된 이 섬유의 우수한 인성(재료의 질긴 정도)을 확인한 만큼 앞으로 더욱 튼튼한 방탄복을 만들 수 있을 것으로 보입니다.

이 밖에도 이탈리아 튜린 폴리테크닉 대학의 물리학자 니콜라 푸그노(Nicola Pugno) 교수는 초강력 접착 물질과 탄소 나노 튜브를 이용해 스파이더맨의 거미줄을 만들 수 있다고 주장했습니다. 탄소 나노 튜브로 약 1미터 길이의 파이버를 만들 수 있는 현재의 기술을 조금만 더 발전시키면 아주 길고 투명한 거미줄도 만들 수 있다는 것입니다. 탄소 나노 튜브 하나의 크기는 빛의 파장보다 작기 때문에 눈에 보이지 않고 투명합니다. 푸그노 교수는 스파이더맨의 거미줄을 만들려면 수만 개의

탄소 나노 튜브를 꼬아서 아주 긴 탄소 나노 튜브 파이버를 만들고, 이렇게 만든 파이버들을 5마이크로미터 간격으로 배열해 한 묶음으로 만들면 가볍고 강한 밧줄이 된다고 말합니다. 그리고 각 파이버의 끝 부분만 풀면 거미줄처럼 뛰어난 접착 능력을 갖추게 된다는 것입니다. 이렇게 만든 탄소 나노 튜브 밧줄을 스파이더맨처럼 목적지에 쏘기만 하면 끝 부분이 달라붙어 거미줄 역할을 한다는 재미있는 발상입니다.

해리포터의 투명 망토를 현실로

그렇다면 공상과학영화에 나오는 투명 옷도 만들 수 있을까요? 실제로 영화 〈해리포터〉에 나오는 투명 망토를 만드는 연구가 진행되고 있습니다. 투명 망토를 완성하기까지는 기술적으로 부족한 점이 있지만, 투명 망토를 현실화하는 여러 가지 가능성이 제시된다는 점은 흥미롭습니다.

미국 댈러스의 텍사스 주립대 연구팀은 탄소 나노 튜브로 만든 시트로 신기루 현상을 이용해 투명 옷을 만들 수 있다고 「나노 테크놀로지」 학술지에 발표했습니다. 신기루는 지표면에서 비스듬한 각도에서 쳐다볼 때 물체가 보이지 않는 현상으로, 사막처럼 바닥 면과 대기의 온도 차이가 큰 곳에서 쉽게 볼 수 있습니다. 연구진은 물체 근처의 온도가 높아지면 빛이 굴절돼 갑자기 보이지 않게 되는 현상에 착안해 연구를 시작했다고 합니다.

이들은 탄소 나노 튜브가 한 방향으로 정렬돼 들어가 있는 에어로젤* 시트를 눈앞에서 사라지게 하는 데 성공했습니다. 다음 그림같이 에어로젤 시트를 기구에 매달아 놓고 전기를 통하게 한

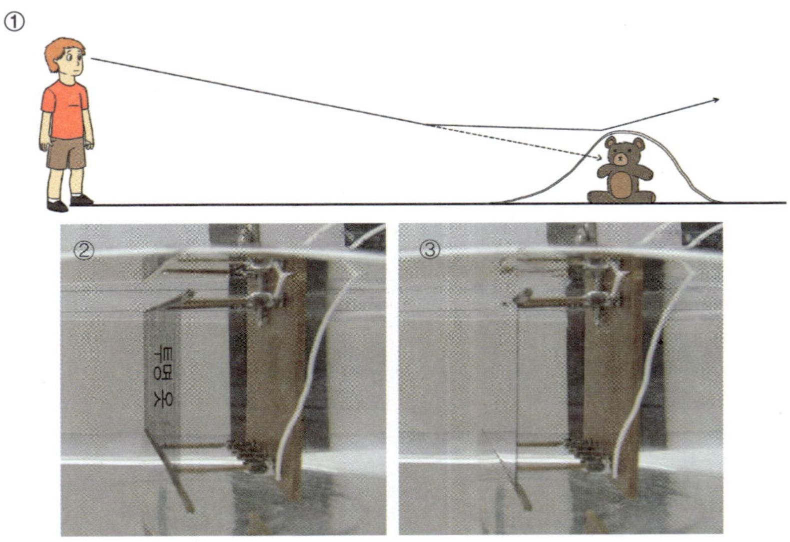

① 물체를 투명 시트로 덮은 뒤 온도를 높이면 보이지 않게 되는 투명 옷의 개념을 보여 주는 그림. ② 탄소 나노 튜브로 만든 투명 시트 위에 '투명 옷'이라고 쓰인 글씨가 보임. ③ 전자기장으로 열을 가하자 시트 위에 쓰인 글자가 사라진 모습.

뒤 비스듬한 각도에서 보면 시트가 사라집니다. 신기루 현상처럼 시트의 온도를 높이면 시트와 그 주변의 온도 차이로 빛이 굴절되면서 에어로젤 시트가 보이지 않는 원리입니다. 이 실험으로 스위치를 켜면 사라지고 끄면 다시 나타나는 투명 옷 개발이 현실로 이뤄질 날이 훨씬 가까워졌습니다.

그런데 안타깝게도 아직 이 기술을 옷에 접목시키기는 어렵습니다. 이 실험에서처럼 에어로젤 시트에 쓰인 '투명 옷'이라는 글자가 신기루처럼 없어지는 효과가 나타나려면 시트를 옆면에서 아주 낮은 각도로 바라봐야 합니다. 또 공기 중에서 투명 옷 효과를 보려면 옆면에서 보는 각도가 더욱 낮아야 합니다. 그런 까닭에 연구자들은 가시각을 높이기 위해 기구를 물속에 담가 실험을 해야만 했습니다. 하지만 과학자들이 상상을 실현하기 위해 꾸준히 연구하고 있으니 머지 않아 투명 옷이 등장하게 될 것입니다.

부록

21세기 창의 인재를 위한 예술과 테크놀로지 학과

1. 21세기를 위한 예술과 과학의 융합 교육

1 21세기를 위한 예술과 과학의 융합 교육

21세기를 살아가는 우리는 새로운 도전과 기회 앞에 놓여 있습니다. 빌 게이츠는 미국 국회 연설에서 지난 수십 년 동안 이노베이션, 즉 기술혁신이 미국의 성장 동력이 돼 왔음을 강조하며 앞으로 경제 발전은 더욱더 기술혁신에 의존할 것이라고 말했습니다. 기술혁신을 통해 생활을 향상시킬 수 있는 가능성이 지금보다 컸던 적은 없습니다. 놀랍게 진보하는 과학기술과 발맞춰 급변하는 혁신의 시대를 살아가려면 반드시 새로운 교육이 필요합니다.

사실 혁신은 과학·엔지니어링 분야의 업적만으로 이뤄지지 않습니다. 현대사회는 과학과 예술 그리고 인문학을 합친 융합적 교육으로 경제·기술 분야에서 혁신을 이끌 수 있는 인재를 원하고 있습니다. 다음 세대를 위해 창의적인 예술과 기술이 결합된 새로운 교육 과정이 필요합니다. 여러 전문 분야의 융합적 교육을 통해 유연한 사고를 갖

춘 창의적 인재를 길러 낼 수 있습니다. 이제 학생
들에게 단순히 과학기술만 가르치는 것이 아니라
예술과 과학이 결합해 변화시킬 미래에 대한 창의
적 통찰을 가르칠 때입니다.

　미국 과학재단에서는 STEM(Science, Technology,
Engineering & Mathematics), 이른바 '스템'이라는 프
로그램을 운영해 국가 차원에서 과학과 수학 교
육을 강조하고 있습니다. 그런데 최근에는 미국
과학재단과 국립예술진흥부가 서로 협력해 스팀*이라는 새로운 교육
프로그램을 만들고 있습니다. 기본적인 과학 교육에 예술과 인문학을
통합해 과학을 쉽고 재미있게 배우게 하고, 과학이 어려운 학문이 아
니라 우리 생활과 밀접한 관계가 있음을 가르치기 위해서입니다.

　이런 흐름의 하나로 미국의 일부 대학에서는 예술과 테크놀로지
ATEC(Arts and Technology) 학과가 생겨나기 시작했
습니다(이하 ATEC 학과라 부름). 이 학과의 교과 과정
은 예술과 인문학, 컴퓨터과학과 공학을 포괄하고
있습니다. 여기에 요즘 떠오르는 이머징 미디어와
문화, 상업을 위한 디지털 기술 등을 가르칩니다.

　ATEC 학과는 보통 예술이나 인문·사회학부 안
에 있지만 공과대학 및 컴퓨터과학 학부, 뇌와 행동

과학 학부 등과도 연계돼 있습니다. 각 대학마다 특성이 조금씩 다르지만 과학과 인문학, 창의성과 전문성, 이론과 실습, 학습과 연구를 모두 강조한다는 공통점이 있습니다. ATEC 학과가 미국, 프랑스를 비롯해 세계적으로 생겨나는 추세라는 것은 대학에서 예술과 과학, 인문학의 생산적 만남을 얼마나 강조하는가를 보여 줍니다.

학생들은 단순히 강의를 듣는 데 그치지 않고 여러 교수와 예술가 및 다양한 분야의 전문가들과 함께 공동 연구에 참여합니다. ATEC 교수진을 보면 그 다양성과 특이한 경력에 놀라게 됩니다. 영문학을 전공한 물리학자가 있는가 하면 미국 상위 10위 안에 드는 트위터 전문가도 있습니다. 예술과 과학을 연결하는 이 새로운 학문의 교수진은 뉴 미디어 전문가, 예술가, 엔지니어, 과학자, 컴퓨터 프로그래머, 인문학자, 애니메이터 등 다양한 분야의 전문가로 이루어져 있습니다. 여러 대학과 연구 기관이 서로 협력하며 여러 기업과 단체, 박물관 등 전혀 어울릴 것 같지 않은 파트너들이 공동 연구를 진행합니다. ATEC 학과는 학생들이 혁신적이고 창의적인 생각을 할 수 있도록 격려하며, 이런 생각들이 실제로 예술과 과학이 결합된 작품으로 탄생하도록 지원합니다.

가상 환경

그럼 ATEC 학과 학생들이 구체적으로 무엇을 배우는지 살펴보겠습니다.

학생들은 가상 환경 교육 프로그램을 개발하는 법을 배웁니다. 가상 환경 프로그램이란 사용자가 게임을 하면서 게임 속의 가상 환경에서 필요한 지식을 얻도록 만들어진 교육·훈련 프로그램입니다. 이를테면 문화가 다른 낯선 곳에 직접 가지 않아도 가상 환경 속에서 게임을 하며 그곳의 지리적·문화적·관습적 정보를 얻을 수 있는 게임 프로그램을 개발한다든지, 의사나 간호사 등 의료 종사자들을 위해 가상으로 병원 실습을 하는 게임 등을 개발합니다.

재미있는 게임을 하나 소개하겠습니다. 알링턴 텍사스 주립대 간호대학과 베일러 병원 그리고 댈러스 텍사스 주립대가 함께 만든 간호사 실습 게임이 있습니다. 이 '가상 환자 돌보기 게임'은 무려 3년에 걸쳐 개발됐습니다. 간호사들은 이 게임을 통해 환자를 잘 돌보고 다른 의료진과 대화하는 법을 배울 수 있습니다. 이 게임의 궁극적인 목표는 간호사들이 효과적인 커뮤니케이션을 통해 환자에게 친절하고 안전하며 만족스러운 의료 서비스를 제공하도록 훈련하는 것입니다. 이를 위해 ATEC 학생들은 단순히 게임을 개발하는 기술만 배우는 것이 아니라 의학, 간호학, 커뮤니케이션에 대한 지식을 습득해야 합니다.

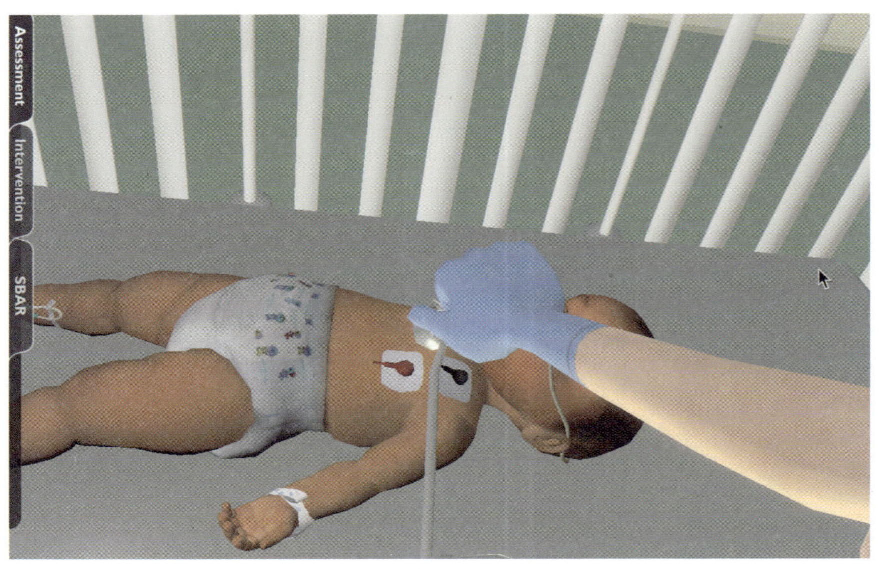

초보 간호사도 문제없는 가상 간호 체험 게임. © Marjorie Zielke, 텍사스 주립대학교.

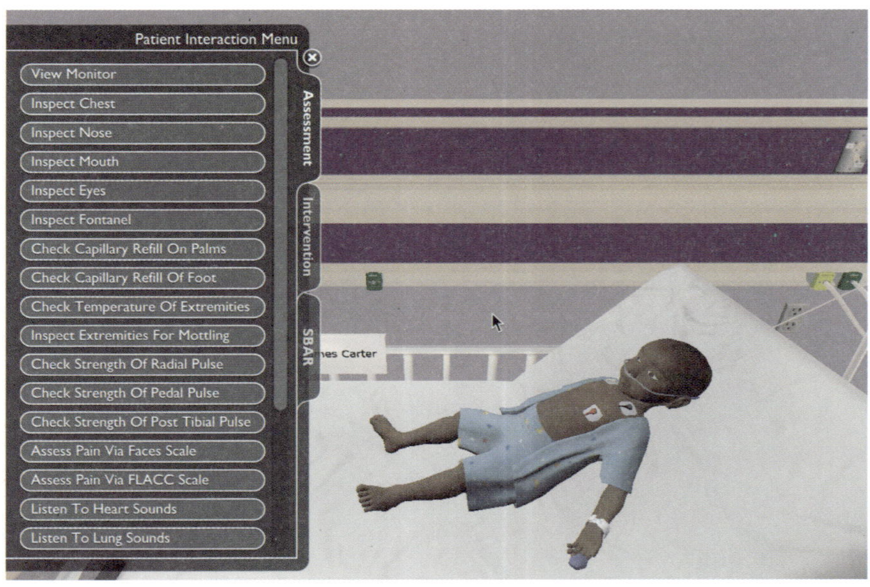

가상 환경에서 제공되는 차트를 보고 환자를 돌본다. © Marjorie Zielke, 텍사스 주립대학교.

이 게임은 환자가 병원에 입원한 뒤 진행되는 모든 상황을 재현해 상황별로 필요한 기술을 배울 수 있게 합니다. 사실 사람의 생명을 다루는 병원에서 연습이란 있을 수 없습니다. 그렇기 때문에 사회 진출을 앞둔 간호학과 학생들은 이 게임을 통해 의사와 간호사 사이의 효과적이고 적절한 대화법을 배울 수 있을 뿐만 아니라 여러 가상 환자를 만나 다양한 상황을 미리 체험하고 연습할 수 있습니다. 게임을 하면 할수록 좋은 간호사가 될 수 있다니 재미도 있고 교육도 되는 효과 만점 게임이라 할 수 있습니다.

게임의 배경은 소아과 병동이며 나이, 성별, 인종, 심리 상태, 증상 등이 다양한 가상의 유아 환자들이 있습니다. 예비 간호사는 가상 환자의 증상을 보고 적절히 판단해 처치해야 합니다. 예를 들어 호흡기 질환 환자가 있으면 간호 대학에서 배운 대로 환자의 상태를 파악하고 원인을 밝혀 실시간으로 적절한 처치를 해야 합니다. 가상 환경에서 가상 차트를 보며 환자를 돌보고 링거를 맞게 하거나 투약 등을 하는 것입니다.

이와 같이 게임을 통해 가상 환경에서 환자에게 필요한 처치를 배우게 하는 것이 가짜 환자나 인형을 놓고 실습하는 것보다 훨씬 교육 효과가 높다고 합니다. 또 실수를 하더라도 가상 환경이기 때문에 치명적이지 않다는 장점이 있습니다. 게임 도중 실수를 하면 선임 간호사가 나타나 간섭하고, 게임 속 간호사는 경고를 받습니다. 예비 간호

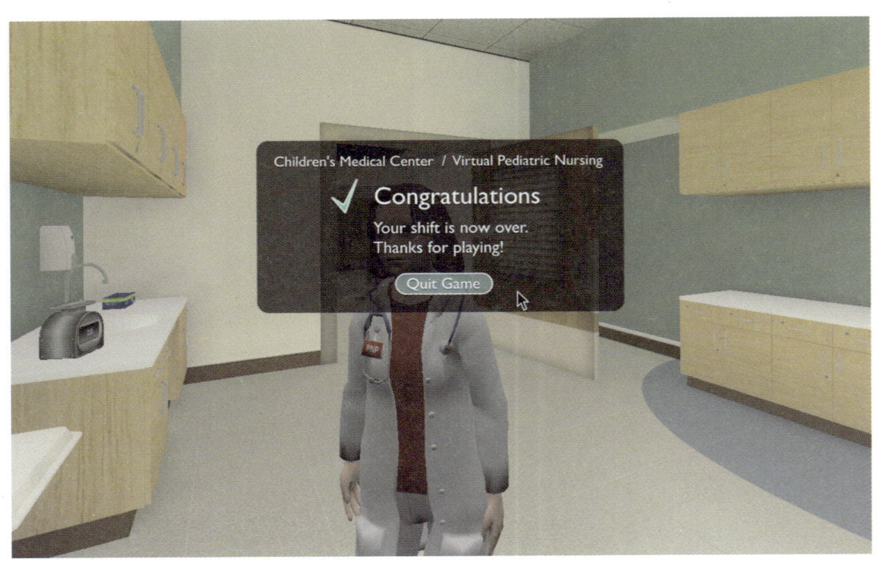

가상 병원 근무 끝. 게임 오버!
© Marjorie Zielke, 텍사스 주립대학교.

사는 이런 실수를 통해 새로운 것을 배우며, 업무를 안전하게 모두 마친 뒤 야간 근무자와 교대하면 게임이 끝납니다. 학생들은 게임을 한 뒤 실제로 자신의 커뮤니케이션 능력이 얼마나 발전했는지, 또 자신이 환자들에게 얼마나 적절한 도움을 주었는지 평가받습니다.

이처럼 가상 환경을 교육에 이용하면 교육비를 크게 줄일 수 있고, 학생들은 쉽고 재미있게 배울 수 있다는 장점이 있습니다. 또한 실습 과정 중에 일어날 수 있는 실수로 인한 법적·윤리적 문제 없이 안심하고 교육할 수 있다는 장점도 있습니다. 아울러 온라인 교육 프로그램이기 때문에 시간과 장소의 구애 없이 다양한 전문 분야를 교육할 수 있습니다.

가상 환경 게임을 치료에 응용한 또 다른 예가 있습니다. 2008년 ATEC 학과의 교수와 학생들은 텍사스 주립대학교 뇌건강 센터 연구진과 함께 발달 장애 중 하나인 아스퍼거 장애 치료에 도움을 주는 가상 환경 게임을 개발했습니다. 아스퍼거 장애가 있는 사람은 지능과 언어 발달은 정상이지만 행동 양상이 자폐증과 비슷해 사회생활이나 의사소통을 하는 데 어려움이 많습니다. 사실 발달 장애가 있는 어린이의 부모는 자녀를 집 밖으로 데리고 나가는 데 큰 부담이 따릅니다. 하지만 이런 환자들을 돕는 프로그램은 거의 없는 것이 현실입니다. 이런 상황에서 이 게임은 가상 세계를 재현하는 기술로 아스퍼거 장애 청소년이 현실에 잘 적응할 수 있도록 도와줍니다.

뇌가 빨리 발달하는 사춘기는 청소년이 사회활동에 필요한 기술을 익히는 매우 중요한 시기입니다. 발달 장애가 있는 아이일수록 이 시기를 놓치면 곤란해집니다. 그래서 개발된 가상 환경 게임은 또래 친구를 사귀는 데 어려움을 겪고 다른 사람과 눈을 맞추지 못하고 자리를 피해 버리는 심각한 증상을 지닌 10대 청소년 환자를 위한 것입니다. 청소년 환자는 '두 번째 삶의 플랫폼'이라는 가상 세계 속에서 필요한 사회적 기술을 연습하고 획득할 수 있습니다. 이 가상의 세계에서 환자들은 안심하고 자신과 비슷한 캐릭터의 아바타를 만들어

생활합니다. 현실에서와는 달리 이곳저곳을 마음껏 돌아다니며 다른 아바타들과 소통하고 교제합니다.

이 방법은 이전에 치료법으로 사용되던 역할 놀이와는 다르게 환자들이 실전과 같은 상황 속에서 비슷한 감정을 느낄 수 있다는 것이 장점입니다. 이런 가상 현실 게임은 청소년 환자들의 치료에 큰 도움을 줍니다. 특히 감정 조절이 되지 않거나 환경 변화에 적응하지 못하는 점, 사회성이 떨어져 정확한 언어를 쓰지 못하는 점을 고치는 데 큰 도움이 됩니다. 게임의 가상 환경은 놀이터에서 다른 아이들과 논다거나 점심을 먹기 위해 줄을 서 있는 상황, 교실이나 식당 및 공원 등에서 새로운 사람들을 만나게 되는 다양한 상황을 실감 나게 재현하고 있습니다.

이 게임의 목적은 발달 장애 환자가 게임 안에서 자기 아바타를 통해 마음껏 친구를 사귀는 법을 연습하고 새로운 환경과 경험에 익숙하게 하는 것입니다. 환자들은 새로운 사람을 만날 때 느끼는 두려움과 불안이 없어질 때까지 게임을 반복할 수 있습니다. 난이도 조절도 가능하고, 환자들이 게임에 적응하도록 격려하고, 연습에 지치지 않게 돌봅니다. 또한 게임의 반응과 결과를 저장해 환자들을 관리하는 기능도 있습니다. 환자들은 놀라울 만큼 현실적인 가상 환경 속에서 여러 사람들과 사귑니다. 그들은 헤드셋 마이크를 사용해 실시간으로 수다를 떨기도 하고 식당이나 상점, 사무실, 공원 등에서 생길 수 있는 갈등을 능숙하게 해결하는 모습을 보여 줍니다. 어차피 가상 세계이기 때문에 실패하더라도 좌절감 없이 다시 도전할 수 있고 자신이 부족한 부분을 반복적으로 연습할 수 있습니다.

텍사스 주립대학교 뇌건강 센터 연구진은 환자들이 게임을 통해 실생활에서 생길 수 있는 갈등을 미리 경험하고 익숙해짐으로써 머릿속에서 생각으로 만들어 내는 공포와 두려움을 없앨 수 있다고 말합니다. 이들은 가상 환경을 발달 장애 환자의 치료 도구로 사용하면서 이런 실질적이고 긍정적인 경험을 통해 환자의 뇌를 훈련시킬 수 있다고 주장합니다. 요즘 가상 환경을 이용한 치료법이 뇌 재활 치료의 새로운 방법으로 각광받고 있습니다. 앞으로 이런 치료 게임을 잘 개발하면 아스퍼거 장애뿐만 아니라 자폐증, 정신 분열증, 주의력 결핍증, 여러 가지 중독, 발작, 뇌 손상 등에도 좋은 효과를 거둘 수 있을 것으로 보입니다.

게임 랩

대학 안에 게임 연구실이 있다니 참 재미있는 일이지요? 이미 여러 대학에서 세계적인 수준의 게임 환경을 만들기 위해 많은 연구를 하고 있습니다. 사실 게임은 오락뿐 아니라 교육용으로도 활용도가 높기 때문에 이 분야에 대한 관심이 매우 뜨겁습니다. 학생들은 ATEC

학과에서 게임을 개발하는 기술적 방법 외에도 게임 자체가 교육이 될 수 있음을 배웁니다. 실험적·교육적인 게임을 개발하는 법을 배우고, 게임을 만들면서 문제를 해결하는 법도 배웁니다. 대학에서는 이 교육을 실시함으로써 비디오게임을 판매하는 엔터테인먼트 소프트웨어 산업에 창조적인 아이디어를 제공하고 경제에 기여할 수 있는 인재를 키워 냅니다.

ATEC 학과 학생들이 개발한 게임 가운데는 어린이들에게 경제관념을 가르치는 것도 있습니다. 어린이들은 어른이 되면 돈을 많이 가질 수 있고 원하는 것은 무엇이든 할 수 있으니 돈 걱정을 할 필요가

어른이 되면 해야 할 많은 것을 배우는 게임. © 텍사스 주립대학교 ATEC 프로그램.

없다고 생각하는 경향이 있습니다. 이들이 반항적인 사춘기를 보내고 아무 준비도 없이 어른이 되면 어떻게 될까요?

렉시(LEXI)라는 게임은 어린이들에게 앞으로 어른이 되면 체험하게 될 상황을 보여 주고 미리 훈련하도록 도와줍니다. 어린이들은 게임 속에서 렉시라는 인공 지능 캐릭터를 통해 현실 사회의 여러 상황을 체험할 수 있습니다. 아이들은 이 게임을 통해 현실을 인식하며 문제 해결 능력을 키워 나갑니다.

학생들은 이 밖에도 스릴 넘치는 모험 게임을 만드는가 하면 행성이나 미지의 공간에서 전략을 세워 영토를 넓히거나 전쟁을 벌이는 게임도 만듭니다. 또 주어진 임무를 수행하며 의사를 결정하고 그 결과에 따라 대처하는 다양한 상황을 설계합니다. 재미있는 게임을 만들어 학생들이 교육 프로그램이라는 것을 인식하지 않고도 사회적인 문제와 자유, 평등, 사랑 등 중요한 가치를 배우게 하기 위해서입니다.

보통 ATEC 학과는 예술과 인문학부에 속해 있지만 게임을 만들려면 컴퓨터과학과 전자공학이 반드시 필요하기 때문에 공과대학과 긴밀히 협력하고 있습니다. 두 학부의 협력은 많은 시너지 효과를 내서 새로운 게임과 다양한 교육·훈련 프로그램, 새로운 직업을 만들 뿐만 아니라 산업화를 통해 경제에도 크게 이바지하고 있습니다.

컴퓨터 애니메이션

ATEC 학과에서 배우는 중요한 과정 중 하나가 바로 컴퓨터 애니메이션입니다. 만화 캐릭터를 종이에 손으로 한 장 한 장 그려서 움직이는 것처럼 보이게 했던 애니메이션이 컴퓨터를 이용해 모든 장면을 그리는 컴퓨터 애니메이션으로 발전했고, 지금은 실감 나는 3D 입체 영화까지 제작하게 되었습니다.

컴퓨터 애니메이션은 처음에는 영화의 일부분에 삽입되었는데, 예를 들면 제임스 캐머런 감독의 1989년 작 〈심연〉과 1991년 작 〈터미네이터 2〉 등이 있습니다. 그리고 1995년 애니메이션 제작사인 픽사(Pixar)에서 영화 전체를 컴퓨터 애니메이션으로 만든 〈토이 스토리〉가 출시되었고, 이후에 〈슈렉〉 〈아바타〉 〈토이 스토리 3〉 등 다양한 애니메이션 영화가 나왔습니다.

ATEC 학과에서는 이렇게 현실감 있는 입체 애니메이션을 만드는 방법을 배웁니다. 이들은 현재 애니메이션 업계에서 활발히 활동하고 있는 전문가들에게 직접 지도받고 있으며, 할리우드의 애니메이션 제작사가 만드는 작품에 참여하는 기회도 주어집니다.

학생들은 애니메이션 속의 움직임을 더욱 실감 나게 표현하기 위해 모션 캡처 기술을 배웁니다. 모션 캡처는 애니메이션 속 캐릭터의 움직임을 실감 나게 표현하기 위해 배우의 움직임을 포착한 뒤 캐릭터와 합성시켜 움직임을 자연스럽게 만드는 기술입니다. 배우가 여러 개

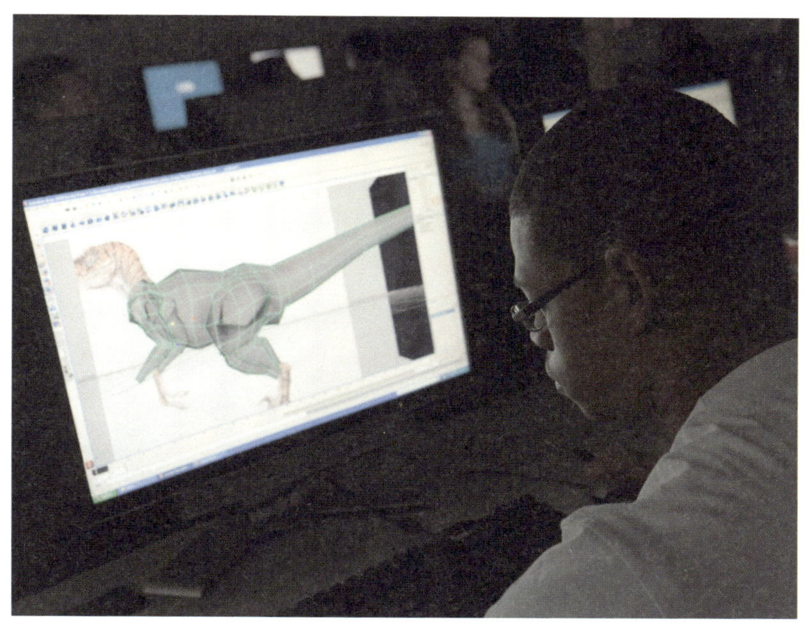

컴퓨터 애니메이션 작업. © 텍사스 주립대학교 ATEC 프로그램.

의 감지기가 부착된 옷을 입고 16개의 디지털카메라 앞에서 연기하면, 광학 모션 캡처 시스템은 배우의 세부적인 움직임을 빠짐없이 포착합니다. 이렇게 기록한 움직임을 나중에 캐릭터로 합성시키면 복잡한 구조의 몸동작과 섬세함 움직임, 얼굴 표정 등을 실감 나게 살릴 수 있습니다.

ATEC의 대학원 학생 중에는 공학 및 컴퓨터과학 같은 다른 학부 출신이 많습니다. 이들은 자신의 전공 분야에서 배운 기술을 바탕으

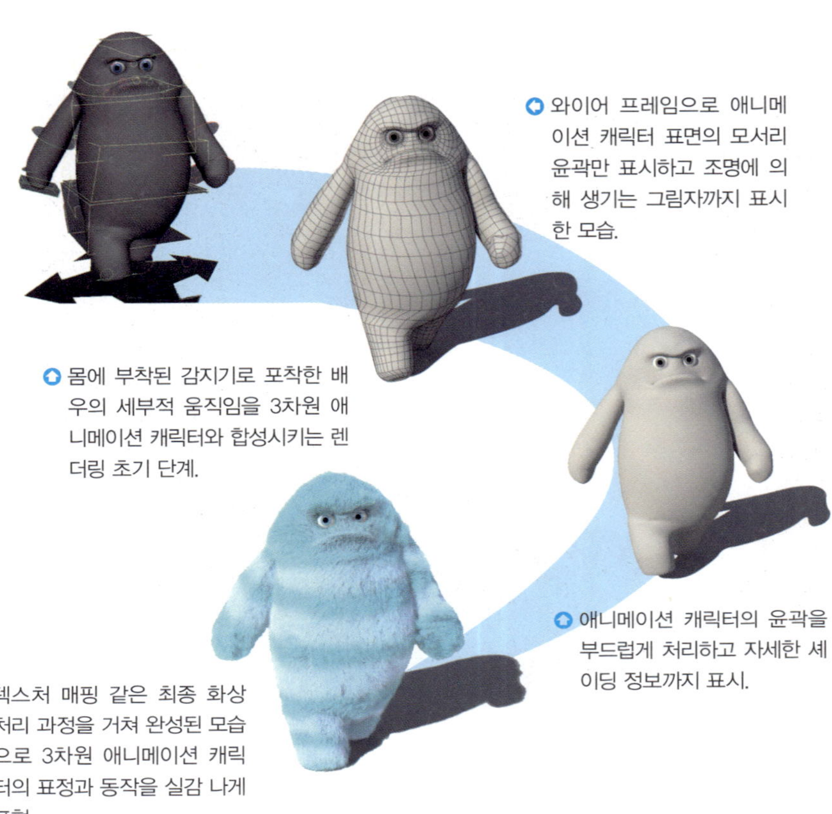

© Liz Paradis, 텍사스 주립대학교 ATEC 프로그램.

로 이를 극대화할 수 있는 창의력을 길러 더 멋진 애니메이션을 개발하는 데 이바지합니다.

모바일 랩(mobile lab)

학생들은 ATEC 학과에서 사람들이 휴대폰으로 의사소통 외에 훨씬 더 많은 것을 할 수 있다는 것을 배웁니다. 학과 내의 모바일 랩에서는 스마트 폰 같은 이동 통신 장비와 LTE* 같은 첨단 이동 통신 기술을 이용해 언제 어디서나 실시간으로 할 수 있는 다양한 종류의 응용 프로그램을 개발합니다. 즉, 『이상한 나라의 앨리스』에 나오는 토끼 굴처럼 스마트 폰을 새로운 세계로 들어가는 통로로 이용해 사람들에게 다양하고 색다른 경험을 제공하는 프로그램을 연구합니다. 이동 통신은 전 세계 사람들을 연결시켜 줄 뿐만 아니라 가상 세계와도 연결하는 그야말로 멋진 통로입니다.

모바일 랩에는 ATEC 학생뿐만 아니라 전자공학과, 컴퓨터 공학과 학생들로 구성된 팀이 있어 센서 기술, 전자회로 기술, 게임 디자인, 애니메이션, 웹 디자인 등 각자의 전문성을 발휘해 공동 연구를 진행합니다. 특히 대학교 연구자, 회사 파트너와 학생들 간의 긴밀한 대화와 협력을 증진하고 창조적인 분위기를 이끄는 환경을 조성해 새롭고 혁신적인 모바일 기술 아이디어를 개발하는 데 중점을 두고 있습니다.

이들의 응용 연구 몇 가지를 예로 들어 보겠습니다.

LTE *

Long Term Evolution 롱텀에볼루션의 머리글자로 3세대 이동 통신(3G)을 '장기적으로 진화'시킨 기술. 3세대 이동 통신 HSDPA보다 12배 이상 빠른 속도이며, 다운로드 속도도 빨라서 영화 1편을 1분 안에 내려받을 수 있고, 고화질 영상과 네트워크 게임 등 온라인 환경의 모든 서비스를 이동하면서도 이용할 수 있다. 2009년 12월 북유럽 최대의 통신사 텔리아소네라가 우리나라 삼성전자의 LTE 단말기를 통해 세계 최초로 서비스를 시작했다.

에릭슨, 텍사스 인스트루먼트, 림(RIM, Reseach in Motion), 삼성 그리고 애플 사에서 후원받아 개발한 IMS 인체 영역 센서 네트워크라는 시스템이 있습니다. 이는 사이클 선수의 운동 때 몸 상태를 무선 통신을 이용해 실시간으로 모니터링하는 시스템입니다. 즉, 사이클 선수가 호흡·맥박·혈액 산소량 등 다양한 생체 신호를 측정하는 각종 센서와 기기를 몸에 부착하면, 이렇게 수집한 정보를 무선으로 연결하는 개인 영역 네트워킹 기술을 이용해 스마트 폰으로 필요한 곳에 실시간으로 전송하는 시스템입니다. 이뿐만 아니라 자전거의 속도와 주변 온도, 습도 등의 정보도 수집하며 실시간으로 화상 통화까지 할 수 있습니다.

모바일 랩에서는 다양한 종류의 응용 프로그램을 개발한다. © Dean Terry, 텍사스 주립대학교 EMAC 프로그램.

이 기술은 세계에서 가장 큰 무선 통신 회사들의 모임인 국제 무선 통신 박람회에서 이미 생중계 시험까지 거쳤습니다. 전력 소모가 매우 적기 때문에 소방관, 군인, 퇴원한 지 얼마 안 된 환자들의 상태를 실시간으로 측정하고 모니터링하는 분야에서도 활용될 것입니다.

또 다른 연구는 방송사의 취재·보도와 관련이 있습니다. 방송사에서 실시간으로 생방송 뉴스를 취재하고 이를 전송하려면 전문 카메라 시스템과 인공위성 통신 장비를 갖춘 무선 중계차가 필요한데, 일반 디지털카메라와 LTE 통신 기술만을 이용해 간편하게 언제 어디서나 취재, 보도할 수 있는 프로그램을 개발한 것입니다. 심지어 스마트폰으로도 가능하다고 하니 앞으로 학생들의 다양한 연구가 새로운 방송 환경을 만드는 데 큰 역할을 할 것으로 보입니다.

또 다른 학생들은 모바일과 데스크톱의 서로 다른 점을 탐구하며 시장에서 원하는 다양한 응용 프로그램을 개발하기 위해 노력하고 있습니다.

모바일 기술은 사회적 도구이기 때문에 우리가 세상에 대해 어떻게 생각하고 상호 작용하는지를 근본적으로 이해하고 효율적으로 대화할 수 있어야 합니다. 이런 취지에서 EMAC(Emerging Media and Communication) 프로그램은 기술적 전문성과 효율적 커뮤니케이션을 연결하는 데 중점을 두고 있습니다. 특히 멀티미디어 디지털 기술과 네트워킹 기술을 이용해 다양한 콘텐츠를 효율적으로 전달하는 기술적 방법뿐만 아니라 대화술도 배우고 개발하는 프로그램입니다. 이메일, 문자 메시지, 블로깅 등 우리의 대화술이 종전과는 눈에 띄게 달라진 요즘, 더욱 효과적으로 자신의 생각을 표현하고 실시간으로 전달하는 것이 더욱 중요해지고 있습니다. 이런 상황에서 EMAC 프로그램은 미래의 프로그래머, 사업가, 콘텐츠 제공자들을 더 효과적인 의사 전달자가 되도록 준비시키는 데 중점을 두고 있습니다.

또 학생들은 수업 시간에 트위터 등 SNS를 통해 그룹 토론을 하며 자신들의 실험 내용과 결과를 동영상으로 만들고 유튜브에 올려서 대중과 나눕니다. 이 실험적이고도 새로운 수업 방식은 사회적으로 큰 화제를 몰고 왔습니다. 학생들은 최근 떠오르는 미디어 기술을 교육 도구로 사용하고 각자의 경험을 동영상으로 기록해 다른 사람들과 나누는 법을 배웁니다.

ATEC 졸업 후의 진로

ATEC을 전공한 학생들의 졸업 후 진로는 매우 밝으며 다양한 전문 분야로 나갈 수 있습니다. 졸업생은 요즘 젊은 세대가 좋아하는 네트워크 회사나 엔터테인먼트 기업 또는 광고 회사에서 일할 수 있습니다. 또 블리자드나 기어박스 같은 게임 회사나 드림웍스와 리듬앤휴즈, 소니 같은 할리우드 애니메이션 영화사들도 ATEC 졸업생들을 반기고 있습니다.

그러나 뭐니 뭐니 해도 과학과 예술, 인문학의 융합적 교육을 받은 인재들이 지닌 최대 장점은 아무도 가지 않은 길을 갈 수 있다는 것입니다. 학생들은 졸업한 뒤에 자신이 최고 경영자가 되어 새로운 길을 개척할 수 있습니다. 이들이 지닌 혁신 에너지는 지금까지 존재하지 않던 새로운 분야에서 직업을 창조하고 새로운 시장을 개척할 것입니다. 이들이 가져올 기술적·사회적·경제적 변화와 혁신은 상상할 수 없을 정도의 가치를 띨 것입니다. 이들은 과학과 예술의 결합으로 혁신을 창조하는 이 시대의 진정한 종합 예술가라 할 수 있습니다.

실제로 미국 댈러스 텍사스 주립대의 ATEC 프로그램을 설립한 톰 레너한 교수는 ATEC의 신축성 있는 프로그램을 통해 예술과 인문학 및 최첨단 과학기술을 통합해 21세기를 위한 새로운 예술 교육을 연 공로로 '교육 혁신상'을 받았습니다. 이는 그만큼 교육계에서 이 프로그램에 거는 관심과 기대가 크다는 뜻일 것입니다. 다음 세대를 위한 창조적 예술과 기술적 전문성을 융합한 교육은 인류의 미래를 위해서도 무척이나 의미 있는 일입니다. 대학에서 예술과 테크놀로지를 결합해 교육한 지는 불과 몇 년밖에 안 되었지만, 학교마다 가장 많은 학생들이 전공을 희망하는 학과로 급성장하고 있습니다. ATEC 학과는 내일의 예술을 만들어 가는 사람들, 혁신의 미래를 준비하는 다재다능한 인재를 키워 내는 과정입니다.

1장- 미술과 과학, 경계를 허물다

01 기술은 미술의 동지인가, 적인가

- 고종희, 『르네상스의 초상화 또는 인간의 빛과 그늘』, 한길아트, 2004.
- 카를로 페드레티, 강주헌·이경아 옮김, 『레오나르도 다빈치 위대한 예술과 과학』, 마로니에북스, 2008.
- C. S. Henshilwood, F. d'Errico, K. L. van Niekerk, Y. Coquinot, Z. Jacobs, S. E. Lauritzen, M. Menu and R. Garcia- Moreno, "A 100,000- Year- Old Ochre- Processing Workshop at Blombos Cave, South Africa," *Science*. 334, 2011, pp.219~222.
- 위키피디아.
- 네이버 백과사전.

02 과학, 명화에 숨은 비밀을 풀다

- W. Stanley Taft, Jr. and James W. Mayer, *The Science of Paintings*, Springer- Verlag New York, Inc., 2000.
- "X- rays uncover secret painting beneath Goya masterpiece," 「가디언」, 2011년 9월 20일.
- J. Dik, K. Janssens, G. Snickt, L. Loeff, K. Rickers and M. Cotte, "Visualization of a lost painting by Vincent van Gogh using synchrotron radiation based X- ray fluorescence elemental mapping", *Anal. Chem*. 80, 2008, pp.6436~6442.
- Laurence de Viguerie, Philippe Walter, Eric Laval, Bruno Mottin, V. Armando Solé, "Revealing the sfumato technique of Leonardo da Vinci by X- ray Fluorescence Spectroscopy", *Angewandte Chemie International Edition* 49, 2010, pp.6125~6128.
- D. Bull, A. Krekeler, M. Alfeld, J. Dik and K. Janssens, "A new technique unveils a hidden Goya in the Rijksmuseum", 「The Burlington

Maga- zine(668)」, 2011/10

- "New X- ray technique reveals hidden portrait by van Gogh," 「Daily Mail Reporter」, 2008년 7월 30일(http://www.dailymail.co.uk/sciencetech/article- 1039864/New- X- ray- technique- reveals- hidden- portrait- Van- Gogh.html).
- "New light on Leonardo Da Vinci's face", 「프랑스 국립과학연구센터(CNRS)」, 2010년 7월 15일(http://www2.cnrs.fr/en/1773.htm).
- "Unknown portrait discovered under Goya's masterpiece in the Rijksmuseum" 네덜란드 국립미술관 보도자료(http://www.rijksmuseum.nl/nieuwsenagenda/onbekend- portret- goya?lang=en).

03 ▶ 중세의 나노 과학자

- A. Szuchmacher Blum, C. M. Soto, C. D. Wilson, J. D. Cole, M. J. Kim, B. E. Gnade, A. Chatterji, W. F. Cchoa, T. Lin, J. E. Johnson, and B. R. Ratna, "Cowpea mosaic virus as a scaffold for 3- D patterning of gold nanoparticles," *Nano Letters* 4, 2004, pp.867~870.

04 ▶ 예술과 기술의 경계를 넘나들다 - 미디어 아트

- 마크 트라이브, 황철희 옮김, 『뉴미디어 아트』, 마로니에북스, 2008.
- 이용우, 『백남준 그 치열한 삶과 예술』, 열음사, 2000.
- http://www.nga.gov/kids/kids.htm

2장- 건축, 과학으로 예술을 꽃피우다

01 ▶ 건축과 과학이 만나다

- 엘리안 스트로스베르, 김승윤 옮김, 『예술과 과학』, 을유문화사, 2002.

- Larry A. Beyer, "Lunarcrete- A Novel Approach to Extraterrestrial Construction," In Barbara Faughnan and Gregg Maryniak, *Space Manu facturing 5 : Engineering with Lunarand Asterodial Materials, Proceedings of the Seventh Princeton / AIAA / SSI Conference May 8-11*, 1985, American Institute of Aeronautics and Astronautics, p.172.
- Richard N. Grugela and Houssam Toutanji, "Sulfur 'concrete' for lunar applications- Sublimation concerns," *Advances in Space Research* 41(1), 2008, pp.103~112.
- Mahasenan, Natesan, Steve Smith, Kenneth Humphreys and Y. Kaya, "The Cement Industry and Global Climate Change: Current and Potential Future Cement Industry CO2 Emissions", *Green house Gas Control Technologies-6th International Conference*, Oxford: Pergamon, 2003, pp.995~1000.
- Yingzi Yang, Michael D. Lepech, En- Hua Yang and Victor C. Li., "Autogenous healing of engineered cementitious composites under wet-dry cycles", *Cement and Concrete Research*, 2009. DOI: 10.1016/j.cemconres.2009.01.013.
- R. Johnson, J. E Padgett, M. E. Maragakis, R. DesRoches and M. S. Saiidi, "Large scale testing of nitinol shape memory alloy devices for retrofitting of bridges", *Smart Mater. Struct.*, 17, (2008.) 035018.
- 위키피디아.
- http://www.fallingwater.org
- http://www.sydneyoperahouse.com
- http://www.essroc.com
- http://www.citg.tudelft.nl/en/research/projects/self- healing- concrete/
- http://www.johnsoncontrols.com
- http://www.sensorsmag.com/sensors- mag/optical- fiber- sensors- could- enhance- building- security- and- ot- 895

- http://www.constructionequipmentguide.com/Building- a- Terror- Pro
  of- Skyscraper- Experts- Debate- Feasibility- Options/2598/
- http://dreamhome.disney.go.com/media/ap/dreamhome/index.html
- http://online.wsj.com/article/SB124050414436548553.html
- http://www.yesterland.com/futurehouse.html
- http://davelandweb.com/hof/
- http://www.cio.com/article/597693/Microsoft_s_Home_of_the_Future_A_
  Visual_Tour
- http://www.microsoft.com/presspass/features/2008/
  jun08/06- 16Innoventions.mspx

3장- 패션, 최첨단 과학으로 완성되다

01 패션은 끝없이 진화한다

- Sabine Seymour, *Fashionable Technology*, Springer Wien New York,
  2008.
- 최원석, 『패션 사이언스』, 살림Friends, 2010.
- 「Science Daily」.

02 기능성 섬유 안에 과학이 숨어 있다

- D. Chen, L. Tan, H. Liu, J. Hu, Y. Li and F. Tang "Fabricating Superhydro-
  philic Wool Fabrics", *Langmuir* 26, 2010, pp.4675~4679.
- J. Zimmermann, G.R.J. Artus and Seeger, "Superhydrophobic silicon
  nanofilament coatings", *J.Adhesion Sci. Tech. 22,* 2008, pp.251- 263.
- http://www.mmttextiles.com/technology.shtml
- http://www.under- tec.com/work.php
- http://www.sciencedaily.com/releases/2004/10/041005073957.htm

03   하이테크 섬유 시대를 맞다

- http://www2.dupont.com/personal- protection/en- us/dpt/personal- protective.html

04   전자 섬유로 최첨단 예술을 창조하다

- "The future of smart fabrics to 2021", Smithers APEX, 2011년 6월 30일 (http://www.smithersapex.com/the- future- of- smart- fabrics- to- 2021.aspx).
- Sabine Seymour, *Fashionable Technology- The intersection of Design, Fashion, Science, and Technology*, Springer Wien NewYork, 2008.
- G. Lee, D. Psychoudakis, C. C. Chen and J. Volakis, "Omnidirectional vest- mounted body- worn antenna system for UHF operation", *IEEE Antennas and Wireless Propagation Letters* 10, 2011, pp.581~583.
- N. Haridas, A. T. Erdogan, T. Arslan and M. Begbie, "Adaptive micro- antenna on silicon substrate", *Proc. First NASA/ESA Conference on Adaptive Hardware and Systems*, 2006. 0- 7695- 2614- 4/06.
- www.uc3m.es/portal/page/portal/repositorio_archivos/JS/cabeceraImprimible2.html
- G. Lopez, V. Custodio and J. Moreno, "E- textile and wireless- sensor- network- based platform for healthcare monitoring in future hospital environments," *IEEE Transactions on Information Technology in Biomedicine* 14, 2010, pp.1446~1458.
- T. Krupenkin and J. Taylor, "Reverse electrowetting as a new approach to high- power *energy harvesting,"Nature Communication*s 2, 2011, DOI: 10.1038/ncomms1454.
- K. Mylvaganam and L. C. Zhang, "Ballistic resistance capacity of carbon nanotubes", *Nanotechnology* 18, 2007. 475701.
- M. Shin, B. Lee, S. Kim, J. Lee, G. Spinks, S. Gambhir, G. Wallace, M.

Kozlov, R. Baughman and S. Kim, "Synergistic toughening of composite fibres by self- alignment of reduced graphene oxide and carbon nanotubes", *Nature Comm* 3, 2012, DOI: 10.1038/ncomms1661.
- A. Aliev, Y. Gartstein and R. Baughman, "Mirage effect from thermally modulated transparent carbon nanotube sheets", *Nanotechnology* 22, 2011, 435704.
- http://pressroom.zegna.com/uploads/item/document_en/20/zegnasport_ijacket_en.pdf
- http://www.manchester.ac.uk/aboutus/news/archive/list/item/?id=3174&year=2007&month=10
- http://www.air- vest.com/
- http://hövding.com/
- http://www.solarcoterie.com/
- http://tco.osu.edu/tag/antenna/
- http://www.news.wisc.edu/19661
- http://entrosys.com

01 21세기를 위한 예술과 과학의 융합 교육

- UT Dallas ATEC Program, http://www.utdallas.edu/atec/

1장- 미술과 과학, 경제를 허물다

13쪽 고대 물감 도구

courtesy of Science/AAAS, http:// i.livescience.com/images/i/20963/i02/01- abalone- shell- 111013.jpg

15쪽 동굴벽화

http://www.free- hdwallpapers.com/wallpapers/architecture/1149.jpg | CC- BY- SA 3.0.

17쪽 덴데라 신전 벽화

http://upload.wikimedia.org/wikipedia/commons/8/8a/SFEC_EGYPT_ DENDERA_2006- 001.JPG | CC- BY- SA 3.0

19쪽 최후의 만찬

http://upload.wikimedia.org/wikipedia/commons/0/08/Leonardo_da_ Vinci_%281452- 1519%29- _The_Last_Supper_%281495- 1498%29.jpg

21쪽 나폴레옹의 초상화

http://upload.wikimedia.org/wikipedia/commons/0/0a/Jacques- Louis_ David_017.jpg

22쪽 모나리자

http://www.ibiblio.org/wm/paint/auth/vinci/joconde/joconde.jpg

24쪽 어깨 해부도 데생

http://www.drawingsofleonardo.org/images/shoulderandneck2.jpg

25쪽 기계 장치 도안

http://mrmiguel.com/wordpress/wp- content/uploads/2012/02/SciF_ EngrDesignGuide_Notebook_Leonardo_CodexAtlanticus.jpg

28쪽 존 프레더릭 윌리엄 허셸

courtesy of Julia Margaret Cameron, http://upload.wikimedia.org/wikipedia/ commons/1/1c/John_Herschel_by_Jula_Margaret_Cameron%2C_Abril_1867. jpg

cath%C3%A9drale_-_rosace_nord.jpg

http://upload.wikimedia.org/wikipedia/commons/c/cd/Musee- de- l- Oeu
vre- Notre- Dame- Strasbourg- IMG_1465.jpg | CC- BY- SA 2.0

46쪽 19세기 중반의 스테인드글라스

http://upload.wikimedia.org/wikipedia/commons/0/09/Girl_with_Cherry_
Blossoms_-_Tiffany_Glass_&_Decorating_Company,_c._1890.JPG

http://2.bp.blogspot.com/- qSug- dzjJ0g/TpL1Ka9Co1I/AAAAAAAABk/
x4s8g0xcsTE/s1600/Picture7.jpg

47쪽 현대의 스테인드글라스

http://upload.wikimedia.org/wikipedia/commons/2/20/Fenster_im_
Staatsrat.jpg | CC- BY- SA 3.0

56쪽 3차원 입체 모형을 3D 컴퓨터 그래픽스로 만드는 과정

courtesy of Desmond Blair, 텍사스 주립대학교 ATEC 프로그램

58쪽 프랙탈 이미지

courtesy of Soler97, http://upload.wikimedia.org/wikipedia/commons/9/92/
Sterling2_4728aa.jpg

http://upload.wikimedia.org/wikipedia/commons/c/c2/Sterling2_4906aa4.
jpg | CC BY- SA 3.0

59쪽 프랙탈 이미지

Courtesy of Alexis Monnerot- Dumaine, http://upload.wikimedia.org/
wikipedia/commons/a/ae/Mandelbrot_island.jpg | CC BY- SA 3.0

62쪽 나무로 만든 거울

courtesy of 다니엘 로진, http://www.smoothware.com/danny/
woodenmirrormuseum.jpg

64쪽 SoniColumn

courtesy of 목진요, http://geneo.net/sonicolumn/004.jpg

71쪽 나노 별이 빛나는 밤

courtesy of 텍사스 주립대학교 Science & Beyond 연구실

72쪽 나노 아메리칸 고딕

courtesy of 텍사스 주립대학교 Science & Beyond 연구실

75쪽 나노 이카루스

courtesy of 텍사스 주립대학교 Science & Beyond 연구실

2장- 건축, 과학으로 예술을 꽃피우다

89쪽 스톤헨지

courtesy of Bernard Gagnon, http://upload.wikimedia.org/wikipedia/commons/8/88/Stonehenge_02.jpg | GNU

92쪽 이집트 피라미드

courtesy of Ricardo Liberato, http://upload.wikimedia.org/wikipedia/commons/a/af/All_Gizah_Pyramids.jpg | CC- BY- SA 2.0

94쪽 아피아 가도

courtesy of Kleuske, http://upload.wikimedia.org/wikipedia/commons/d/d9/Via_appia.jpg | GNU

95쪽 판테온

courtesy of Anthony M., http://upload.wikimedia.org/wikipedia/commons/d/d0/Pantheon_dome.jpg | CC- BY- SA 2.0

98, 99쪽 버즈칼리파

courtesy of Samsung CNT

101쪽 미요 대교

courtesy of NA Parish from Okland, http://upload.wikimedia.org/wikipedia/commons/7/7f/Millau_Viaduct_overall_view.jpg | CC- BY- SA 2.0

105쪽 폴링 워터

courtesy of Sxenko, http://upload.wikimedia.org/wikipedia/commons/9/94/Wrightfallingwater.jpg | GNU

108쪽 시드니 오페라 하우스

courtesy of Matthew Field, http://upload.wikimedia.org/wikipedia/commons/3/38/Sydney_opera_house_side_view.jpg | GNU

109쪽 콘크리트 패널

http://en.wikipedia.org/wiki/File:AUS_NSW_Opera_House_DSC05118.jpg | GNU

110쪽 세라믹 타일

courtesy of Greg O'Beirne, http://en.wikipedia.org/wiki/File:SydneyOperaHouse6_gobeirne.jpg | GNU

115쪽 우주왕복선의 집

courtesy of NASA, http://upload.wikimedia.org/wikipedia/commons/9/9b/Aerial_View_of_Launch_Complex_39.jpg

117쪽 초고성능 현미경실

courtesy of 텍사=스 주립대학교

122쪽 주빌리 성당

courtesy of Davide Lussetti, http://upload.wikimedia.org/wikipedia/commons/b/be/Jubilee_Church_Rome.JPG | CC BY- SA 3.0

126쪽 저절로 복구되는 콘크리트

courtesy of Casal Moore, University of Michigan News Service and College of Engineering

132쪽 지진으로 붕괴된 다리

courtesy of Robert A. Eplett, FEMA Photo Library, http://upload.wikimedia.org/wikipedia/commons/9/93/FEMA_- _1807- _Photograph_by_Robert_A._Eplett_taken_on_01- 17- 1994_in_California.jpg

135쪽 세계 무역 센터

http://en.wikipedia.org/wiki/File:1WTC13March2012.JPG | GNU

139쪽 마법의 거울

courtesy of Microsoft News Center, http://www.microsoft.com/global/en- us/news/publishingimages/images/features/2008/06- 16Disney2B9D

C15F5_Print.jpg

145쪽 벽 전체가 디스플레이 기능을 하는 방

courtesy of Microsoft News Center, http://www.microsoft.com/global/
en- us/news/publishingimages/images/features/2011/08- 08Teenager_
lg_Page.jpg

157쪽 연잎 효과

courtesy of William Thielicke, http://upload.wikimedia.org/wikipedia/
commons/1/13/Lotus3.jpg | CC- BY- SA 3.0

174쪽 전기 발광 실로 만든 옷

courtesy of "Project Runway All Stars" (episode 9), http://democracydiva.
files.wordpress.com/2012/03/picnik- collage- 91.jpg

177쪽 에어백 헬멧

courtesy of Hövding Sverige AB, http://www.hovding.com/en/how

179쪽 태양광 비키니

courtesy of Solar Coterie, http://www.solarcoterie.com/

182쪽 재봉틀 하는 과학자

courtesy of Al Zanyk, 오하이오 주립대학교(Ohio State University)

184, 185쪽 마이크로스트립 안테나

courtesy of Andy Blanchard, 텍사스 주립대학교

195쪽 육각형 그래핀

courtesy of Alexander Alus, http://upload.wikimedia.org/wikipedia/
commons/9/9e/Graphen.jpg | CC- BY- SA 3.0

196쪽 탄소 나노 튜브

courtesy of Begemotv2718, http://upload.wikimedia.org/wikipedia/ru/a/a5/
Nanotube_6_9- spheres.jpg | CC- BY- SA 3.0

예술을 꿀꺽 삼킨 과학

| 펴낸날 | 초판 1쇄 2012년 8월 14일 |
| | 초판 10쇄 2020년 4월 9일 |

지은이   김문제 · 송선경
펴낸이   심만수
펴낸곳   (주)살림출판사
출판등록   1989년 11월 1일 제9-210호

주소   경기도 파주시 광인사길 30
전화   031-955-1350   팩스   031-624-1356
홈페이지   http://www.sallimbooks.com
이메일   book@sallimbooks.com

ISBN   978-89-522-1902-2 43500

살림Friends는 (주)살림출판사의 청소년 브랜드입니다.